U0929886

《中等职业学校学前教育专业系列教材》编委会

ZHONGDENG ZHIYE XUEXIAO XUEQIAN JIAOYU ZHUANYE XILIE JIAOCAI BIANWEIHUI

中等职业学校学前教育专业系列教材

主　编：焦　敏
参　编：王　隽　任美霞　罗　欣

華中師範大學出版社

新出图证(鄂)字 10 号

图书在版编目（CIP）数据

女性与现代家政 / 焦敏 主编. —武汉：华中师范大学出版社，2012.7（2013.7 重印）

（中等职业学校学前教育专业系列教材）

ISBN 978-7-5622-5566-6

Ⅰ.①女… Ⅱ.①焦… Ⅲ.①家政服务 – 中等专业学校 – 教材 Ⅳ.①TS976.7

中国版本图书馆 CIP 数据核字(2012)第 118755 号

女性与现代家政

策划编辑：张红梅　　责任编辑：周文利

责任校对：崔毅然　　封面设计：新视点

出版发行：华中师范大学出版社

社址：湖北省武汉市珞喻路 152 号　　邮编：430079

销售电话：027-67863040 67861549

传真：027-67863291　　邮购：027-67861321

网址：http://www.ccnupress.com　　电子信箱：hscbs@public.wh.hb.cn

印刷：湖北新华印务有限公司　　督印：章光琼

字数：196 千字

开本：787mm×1092mm 1/16　　印张：12.25

版次：2012 年 8 月第 1 版　　印次：2013 年 7 月第 2 次印刷

印数：4001-9000　　定价：23.00 元

欢迎上网查询、购书

前言 QIAN YAN

女性与现代家政作为一门新型学科，由于内容涉及女性生活的方方面面，越来越被各教育机构所重视。中等职业学校学前教育专业的学生绝大多数是女生，女生教育有其内在的规律和特定的内容，这个阶段是女生从稚嫩走向成熟的关键时期，如何有针对性和实效性地对她们进行成长教育，是一个值得探讨的课题。有些学校尝试开设了女性与现代家政方面的选修课程，深受学生喜爱。课程丰富了学生的知识视野，启迪了学生的情感心智，发展了学生的综合素质，健全了学生的人格魅力，对女生全方位的成长，具有积极的意义。

本教材以家政学、教育学、心理学、女性学、文化学的相关知识为基础，以高中、中职及以上阶段女生为定位，分析现代女性的特点，根据现代女性社会化发展过程中的需求，从提高女性自身修养出发，将“时尚”“健康”等观念纳入教材；从提高女性综合素质出发，将恋爱、婚姻、家庭的概念引入教材，通过家庭文化教育、家庭资源管理、家庭环境创设等内容，帮助学生建立现代女性与家庭的观念，提高学生的整体素质和审美情趣。全书共八章，第一章，通过对现代女性特点的分析，从全新的角度阐述了女性与现代家政的关系，为全书奠定了基础；第二、三章，通过对女性与时尚、女性与健康的实例分析，探讨了与女性自身发展密切相关的问题；第四章至第八章，按家庭情感、家庭文化、家庭教育、家庭资源管理和家居环境管理，从情感入手，帮助现代女性层层递进，逐渐深入，走进家庭。每章内容从情景案例、理论阐述到资料卡拓展，既是一本女性成长必备书籍，又是一本各类学校提高女性综合素质的新型教材。

在教材编写过程中，我们始终贯彻“以学生为本，以发展为导向”的教育理念，注重唤起学生的自主意识和自创能力，尽量体现针对性、实效性和操作性。针对性是在关注现代女性实际需求的基础上，使家庭知识与现代女性的发展需求相吻合，使现代女性的发展需求与女生的成长相吻合，切中实际，启发引导，循循善诱。实效性则体现在紧扣现代女性特点，编写内容，注重编写内容的丰满充实，形式的新颖活泼。操作性则表现为突出知识和技能的训练，使理论与操作相联系，力求使学生既学习理论，又习得技能。

本教材在编写过程中，借鉴了国内外有关专家学者的论著，得到了参编学校领导的真诚关心和鼎力支持，在此一并表示感谢。

教材第一、四章由焦敏编写，第二、三章由罗欣编写，第五章由任美霞编写，第六、七章由焦敏、任美霞编写，第八章由王隽编写。焦敏对全书进行了统稿。由于我们的水平有限，难免有疏漏与不妥之处，敬请指正。在编写过程中，有些参考资料因无出处，无法标识，如作者发现，请告知，我们将一并感谢。

编　者

CONTENTS

目录

目录

第一章
女性与现代家政

- 把握现代女性的特点。
- 了解现代家庭结构的变化和功能的发展。
- 理解女性与现代家庭的关系，学做现代女性。

21 世纪是一个不断发生着社会和文化变迁的世纪。随着社会和文化的发展，女性在社会中的变化也慢慢地凸显出来，特别是当现代家政取代传统家政后，女性与现代家政的内涵与外延都发生了深刻的变化。

在人们的传统观念中，“家政”就是做家务，其实“现代家政”已经从做家务拓展成一门探究现代家庭生活规律，提高和改善家庭物质生活和精神生活质量的综合性课程，由于家政教育是对家庭、对人的教育，因此，家政教育与每个人息息相关。

从某种意义上讲，现代人，特别是现代女性的生活大多是由两个方面组成的：一是家庭，二是工作。在这两者的关系上，人们常常错误地认为：家庭为工作提供后勤保障，实际上，工作是为家庭提供基础，家庭的温暖让我们感到幸福。因此，关注家政不仅能提高我们生活的质量，而且能使女性更健康地成长。由此，让我们从了解现代女性的特点开始，在认识自己的同时，来认识现代家庭，认识女性与现代家政的关系吧。

第一节　现代女性的特点

情景案例

楠楠与芳芳是两位善于思考的女生，她们在交流自己喜欢的明星时，一个喜欢奶茶刘若英，一个喜欢更年轻的王洛丹，为此她们经常争论，都想对方也喜欢上自己喜欢的明星。伴随着争论，渐渐地她们发现自己有点喜欢对方喜欢的明星了。有一天，当她们突然发现这个秘密时，她们俩大笑着坐了下来，很认真地讨论为什么会有这样的结果，最后她们发现，这两位明星有共同的特点，就是她们都具有现代女性的美丽容颜和敬业精神，而这些特点正是她们所欣赏的。

其实，追星也是在寻找一种追求。当我们透过外在的东西，看到现代女性的一些本质特点时，我们也会不自觉地去追求。那么现代女性到底有哪些特点呢？

人是社会的产物，不同的社会环境对人的影响是不同的。随着社会的发展，人们正转换着对女性角色的认识，与此同时，新时代的女性也在社会的发展过程中，自觉或不自觉地转换着对自己的认识，她们开始张扬个性，追求独立，建立自己的审美意识和价值观，关注自己内心的需求与感受。

那么，现代女性具有什么特点呢？

一、聪明博学，善待自己

聪明博学常常与“博古通今”、“真才实学”、“见多识广”、“聪慧过人”等词语相联系，常用来形容学识渊博的人。现代女性需要具有聪明博学的特点吗？答案是肯定的。因为，我们生活在一个多元化、信息化的时代，这个时代是一个集科学、技术、政治、经济、文化于一体，且信息资讯铺天盖地地充斥着我们生活的每一个角落。据有关统计表明：一份《纽约时报》所包含的信息比一个生活在17世纪的普通英国人一辈子所接收的信息还要多。在这样一个多元化、信息化的时代，学识渊博的女性，会有丰富的话题，天文地理、科技人文，信手拈来，尽展冰雪聪明的文采；真才实学的女性，知书达理，家里家外、人际交往，驾轻就熟，展现玲珑剔透的知性。

善待自己是聪明博学的基础，也是聪明博学的表现。善待自己的女性，会让自己随时保持好心情；善待自己的女性，会让自己在不同的时期散发出不同的魅力；善待自己的女性，能驰骋职场；善待自己的女性，也能经营好家庭；善待自己的女性，能用巧手装饰出美丽的环境；善待自己的女性，也能精打细算用心装扮好自己；善待自己的女性，知道良好的健康状况对现代人的意义，因而经常积极地锻炼身体；善待自己的女性，有极好的生活习惯，因而拒绝抽烟、饮酒、通宵达旦宴饮狂欢。

二、修饰得当，品味独到

修饰，有整理、装饰的意思；得当，有适当、恰当的意思。修饰得当，顾名思义，即适当、恰当地整理装饰自己的外表。

品味，有格调和趣味的意思；独到，则有与众不同的意思。品味独到，顾名思义，即有自己独特的审美观点和情趣。

修饰得当，品味独到，是现代女性的显著特点之一，修饰得当是品味独到的前提，品味独到是修饰得当的升华。

修饰得当，品味独到的女性，会给人一种清新自然之感。她们会扬长避短，适度修饰；她们喜欢亲近自然，让辽远的风景和清新的空气抚慰疲惫与彷徨；她们善于发现生活中的美，让美好的事物渗透到她们的心底；她们会在不经意间流露未泯的童心与童趣，让自己保持孩子般单纯与善良的心灵。她们可能长得并不漂亮，可看上去充满活力且赏心悦目；她们可能并不追求潮流，却能独运匠心扮出个人品味。

因此，修饰得当，品味独到的女性，常能传达出内心的成熟与丰富，像一杯醇厚的葡萄酒，令人微醺微醉。

三、语言风趣，收放自如

语言作为人类重要的交流工具，具有信息传递和人际互动的功能，由于语言与思维密切联系，是思维的载体、物质外壳和表现形式，因此，语言常能表现人们的思想情感与智慧。特别是幽默风趣的语言，不仅能使人际关系变得融洽，还能体现一个人的智慧与学识。莎士比亚就曾说过：“幽默和风趣是智慧的闪光。”罗斯福也曾说过：“幽默是人际关系的洗涤剂，它能使激化的矛盾变得缓和，从而避免令人难堪的场面，化解双方的对立情绪，使问题得到更好的解决。”现实生活中的事例也告诉我们：幽默风趣不仅能令人会心一笑，也能让人得到美的享受；

幽默风趣不仅能使人摆脱困境，还能使人到达“山重水复疑无路，柳暗花明又一村”的境界。

语言作为人际交流的工具，对于现代女性有着十分重要的作用，“语言风趣，收放自如”是要求女性在现代人际交往中，懂得语言交往的艺术，能用温和的语言化解矛盾，能用关心的话语打开心扉，能用智慧的语言营造和谐的环境，能用幽默的语言在谈笑风生中提炼工作的主题。这里的“收放自如”表现的是幽默风趣的尺度，展现的是幽默风趣中的豁达、自信与透彻，而不是低俗、无聊与尴尬。

四、追求爱情，拒绝痴迷

从古到今追求爱情是女性的特点之一，回顾历史，我们可以从古人留下的诗句中，看到女性勇敢追求美好爱情的情景。

先看《上邪》中，“我欲与君相知，长命无绝衰。山无陵，江水为竭，冬雷震震，夏雨雪，天地合，乃敢与君绝!”的诗句。再看《摽有梅》中的表白，“求我庶士，迨其吉兮。求我庶士，迨其今兮。求我庶士，迨其谓之。”还有《思帝乡》中的心理描写，“春日游，杏花吹满头，陌上谁家年少，足风流。妾拟将身嫁与，一生休。纵被无情弃，不能羞。”这些诗句无不直观地表现出女性在压抑的环境中，仍勇敢追求爱情的情景。

爱情是人与人之间强烈的依恋、亲近、向往，以及无私专一并且无所不尽其心的情感。追求爱情是现代女性的特点之一，她们向往真挚、美好的爱情，然而由于“爱情是本能和思想，是疯狂和理性，是自发性和自觉性，是温饱和饥渴，是淡泊和欲望，是烦恼和欢乐，是病苦和快乐，是光明和黑暗，爱情把人的种种体验熔于一炉”。更重要的是，爱情是涉及两个人之间的感情，因此，有时我们无法把握其发展的方向与速度。

现代女性的显著特点之一就是追求爱情，但应该拒绝痴迷。

痴迷是极度迷恋某人或某种事物而不能自拔的状态。因此，痴迷常常与“入迷”、“痴呆”等联系在一起。

追求爱情，拒绝痴迷是现代女性对自己情感把握的状态，更是现代女性对美好生活追求的一种境界。因为这样的女性清楚地知道，爱情不是女人生命的全部，太多的期盼会化作冲天的怨气，只有理性的追求，全面的把握，才能拥有美好的生活。

五、坚守原则，控制情绪

原则是指观察问题、处理问题的准则。有人曾这样形容，原则是一盏黑暗中不迷失自我的明灯；是艰难时心中仍存的信念；是人生路上不可动摇的准则。

坚守原则就是在心中永远给自己保留一盏明灯、一个信念、一套准则。

现代女性为什么要坚守原则？其实，现代社会是一个逐渐进入物质化、舒适化的社会。人间万象，世事庞杂，人生路上有许许多多的诱惑，这些诱惑就像躲在暗处的幽灵，窥视着一个个从它面前走过的人，也考验着一个个站在它面前踌躇不前的人。能坚守原则，就能抵挡诱惑，向人生目标努力奋斗，面对艰难险阻毫不退缩。

虽然坚守原则是做人的基础，但现代女性应明白，坚守原则必须考虑原则与发展的关系，也就是说，有原则，但不因原则而养成固有的行为习惯，并束缚自己的思维，而是在遵守原则的同时，适当调整原则，使之能适应时代的要求。现代女性还应明白，坚守原则必须学会控制情绪，也就是要学会情绪管理。

这里的情绪管理对现代女性而言，是指通过对自身情绪和他人情绪的认识、协调、引导、互动和控制，培养驾驭情绪的能力，从而保持良好的情绪状态的一种手段。简单地说，就是培养现代女性以开心、乐观、满足、热情等为特征的正面情绪，引导和消除难过、委屈、伤心、害怕等负面情绪对工作、个人的生活质量等方面的影响。

现代女性管理和控制自己的情绪，应做到能体察自己的情绪，会适当表达自己的情绪，能以合宜的方式纾解自己的情绪。

资料卡

富兰克林的 13 项做人原则

本杰明·富兰克林是资本主义精神最完美的代表，18 世纪美国最伟大的科学家和发明家，著名的政治家、外交家、哲学家、文学家和航海家以及美国独立战争的伟大领袖。他一生最真实的写照是他自己所说过的一句话：“诚实和勤勉，应该成为你永久的伴侣。”他在自传里写道：“我的目的是养成所有美德的习惯。”“最好还是在一个时期内集中精力掌握其中的一种美德。当我掌握了一种美德后，接着就开始注意另外一种，这样下去，直到我掌握了十三种为止。”那么，富兰克林的 13 项做人原则是什么呢？1. 自制。自我克制，不放纵自己。2. 慎言。要说于人于己有利的话，注意沟通方式。3. 秩序。充分利用时间，每一事务都要安排时间。4. 坚定。该做的事必须去做，既然要做的事就一定要做好。5. 节俭。花钱应对人对己有利，不可浪费。

6. 勤勉。不浪费时间，做有用的事情，力戒无益的行为。7. 诚实。不以骗术待人，思想要存有良知，生活亦如此。8. 公正。不做损害别人的事情，要做对别人有益的事。9. 宽容。以德报怨，别人冒犯你时要善于容忍。10. 整洁。不允许身体、衣物存在不洁，注意个人形象。11. 平静。不为小事或寻常之事或不可避免之事而惊慌失措。12. 忠贞。对家庭、妻子保持贞洁，对朋友保持忠心。13. 谦虚。仿效耶稣和苏格拉底。

六、雍容大度，坚强独立

雍容指文雅大方，从容不迫。大度指人心胸宽广，气量大能容人。坚强一词在现代汉语中具有能承担压力，不屈不挠的含义。独立指依靠自己的力量独立思考、独立工作、独立生活。

现代女性越来越表现出雍容大度、坚强独立的性格特征。她们用女性特有的亲和力，注释着大度的现代含义，即宽容豁达。她们用女性特有的理解，注解着现代女性的坚强独立，即走自己的路，勇敢地承担起自己应该承担的责任。

于是，我们看到现实生活中越来越多的女性，在工作中承担起重要职责，用她们的雍容大度、坚强独立化解各种矛盾；在家庭中扮演着重要角色，用她们的善良大度、坚强独立支撑家庭的种种变故，尊老爱幼相夫教子，经营着家庭。

七、合作共事，驾轻就熟

合作共事是现代社会人们工作的特点，也是现代女性的特点之一。合作就是个人与个人、个人与群体、群体与群体之间为达到共同目的，彼此相互配合的一种联合行动与方式。

驾轻就熟则是比喻对某事有经验，很熟悉，做起来容易。

合作共事与驾轻就熟是相辅相成的，合作共事是一种境界，一种精神，而驾轻就熟是一种能力，一种工作的状态。

现代社会是一个快节奏、高压力、强竞争的社会，随着社会生活节奏的加快，人们逐渐形成了一种用尽量短的时间、尽量少的环节办成尽量多的事情的心态，于是，强竞争也就产生了，强竞争带来的必然是强压力。因此，人们在现代生活中，常常会不自觉地感到压力与竞争的存在，感到一个人力量的微薄。

现代女性作为社会的一员，也必然会有这样的感觉，因此，她们更讲究合作共事，更关注合作共事，并在各种共事中，用高效率的工作去赢得他人的尊敬和爱戴。

现代女性作为现代社会中的重要组成部分，她们的特点不仅仅是她们自身的特点，也反映了一个时代、一个社会的特点，虽然这些特点不会在一个个体身上全部体现，但会在一个优秀的现代女性身上体现相当一部分内容。作为现代女性的你，在适应社会的过程中，具有哪些特点？还有哪些特点是你必须要充实与培养的呢？

第二节　现代家庭

情景案例

佳子与成成正在争论着关于家庭的话题。佳子说："我觉得家庭就是我没有生活费的时候给爸爸妈妈打个电话，电话那头传来的温暖的声音。"成成说："在你的心里家和银行没有区别。"佳子说："那你认为家庭是什么？"成成说："就是有爸爸妈妈的地方，还有生病的时候最想念的地方。"佳子笑着说："其实在你心里家和医院差不多。"

家庭是每个人一出生就拥有的，它能给人温暖、慰藉、安全……可当我们面对家庭时，我们能正确地理解家庭吗？佳子与成成对家庭的理解对吗？

一、家庭的起源和发展

（一）关于家庭

家庭是指以一定范围的亲属为纽带并彼此发生经济联系的生活单位。对家庭的理解要从三方面认识：

（1）家庭是以婚姻、血缘和收养关系为纽带的亲属团体，其成员间存在着姻亲关系或血亲关系，有的家庭还有被法律所确认的拟制血亲关系。

（2）家庭是以内部经济联系为纽带的生活单位，包括彼此间的赡养、扶养、抚养关系和以家庭为单位所组织的生产、消费等活动，无内部经济联系的亲属未必是家庭成员。

（3）基于以上两种纽带而构成的家庭关系是一种特定的社会关系，包括夫妻之间，父母与子女之间，兄弟姐妹之间，祖父母（外祖父母）与孙子女（外孙子女）之间的人生关系，还有因这种人生关系所产生的家庭财产关系，它为一般社会关系所无可比拟。

正如美国当代著名社会学家默多克所说："由于家庭对于维持社会至为重要，因此所有社会都建立了保护性手段以确保家庭存在下去，这些保护性手段是：乱伦禁忌；按次序分配两性财产的规定；儿童合法权益的原则以及对妒忌和冲突的文化调节。"

（二）关于家庭的起源与发展

1. 群婚制家庭

家庭在群婚制家庭形式阶段，经历了两个发展时期。一个是血缘家庭，一个是普那路亚家庭。

（1）血缘家庭（又称血婚制）是人类家庭的最初形态，产生于人类的蒙昧时代。它是在原始群团内部按辈分划分婚姻范围，严禁上下辈的男女之间发生性关系。也就是在一个血缘内的同辈兄弟姐妹结成夫妻群体。

群婚制家庭的特点是：排除了不同辈人之间的婚姻关系，比起血亲杂交它是一种进步。

（2）普那路亚家庭（又称成伙婚制）是群婚的高级形态，它存在于原始母系氏族社会，可以说，母系氏族是伴随着这种家庭出现而产生的。它与血缘家庭不同的是，在群体之外按男女所属的氏族划分婚姻范围，严禁氏族内部男女之间发生性关系。

普那路亚家庭的特征是：同血缘的一族兄弟和另一血缘的一群姐妹互为夫妻，并且互称"普那路亚"，即亲密伙伴的意思。由于排除了直系及旁系兄弟姐妹之间的性关系，使婚姻关系开始从血亲关系中分离出来，这无疑是历史的重大进步。

2. 个体婚姻家庭

个体婚姻家庭在其发展过程中，也经历了两个阶段，一个是对偶家庭，一个是一夫一妻制家庭。

（1）对偶家庭（又称偶婚制）与以上两种家庭类型所不同的是一种不牢固的个体婚，它是从群婚到个体婚的过渡。它产生的原因主要是母系氏族社会晚期生产力有了发展，尤其是发明了弓箭，捕获量大大增加，且比较安全，人们应付自然的能力提高了，产生了剩余产品，男女交往出现了礼品交换的经济往来，由此巩固了配偶同居。同时也由于氏族不断禁止血亲通婚，特别是随着氏族组织在发展中的不断分化，婚姻禁例越来越多，婚姻范围越来越小，最后只剩下结合得很不牢固的一对配偶了，即男女在原来群婚的范围内有一个关系较固定的主妻或主夫，只有一个男子同一个女子发生婚姻关系，但可以随时离异另寻配偶。

(2) 一夫一妻制家庭（又称单偶婚制）即一个男子和一个女子结成夫妻关系，它是个体婚制走向成熟的典型形式，也是至今人类社会普遍的家庭制度。

二、家庭结构的演变

家庭结构是指家庭内部的构成和运作机制，它常常反映出家庭成员之间的相互作用和相互关系。因此，一般家庭结构由三个要素构成：一是家庭成员的数量，二是代际的层次，三是夫妻的数量。

社会学家根据这些要素将家庭分为传统家庭模式和非传统家庭模式两大类。

（一）传统家庭模式

1. 核心家庭

核心家庭是由夫妻和未婚子女组成的两代家庭，也即是由父、母、子女（目前基本上是独生子女）组成的家庭。它之所以成为核心家庭是因为它以最少的人数包含了家庭构成的本质要素，即既有夫妻关系又有亲子关系的完整家庭，是各类家庭中最稳定的一种形式，也是现实生活中最普遍的家庭模式。据统计，目前我国的核心家庭约占家庭总数的60%。

2. 主干家庭

主干家庭是指由祖父母、父母和未成年或未婚子女（包括养子女）三代组成的家庭。每代人中只能有一对夫妻（包括一方去世或离婚者）。

主干家庭包括父系主干家庭（祖父母、父母、孙子女同住）和母系主干家庭（外祖父母、父母、外孙子女同住）两种具体形式，家庭内部含有夫妻、亲子、祖孙三种基本人际关系，还可能有兄弟姐妹、婆媳或翁婿关系。

3. 联合家庭

联合家庭是父母和两个以上的已婚子女及其后代组成的家庭，或者是兄弟姐妹虽已结婚，但仍未分家别居的家庭。这种家庭实际上是由几个核心家庭联合而成的，因而称联合家庭，或扩大家庭。

联合家庭曾经是中国人的梦想，人们常用“子孙满堂”、“四世同堂”来表述长辈的成功与幸福。但事实上，中国传统社会以大家庭为主是一种误解。虽然中国人曾经想以大家庭为理想，但大家庭主要存在于世族门阀之中，绝大多数人是以核心家庭或主干家庭为家庭结构。特别是现代社会，随着社会生活节奏的加快，大家庭内部复杂的人际关系，越来越被人们所摒弃，目前，几代同堂人口众多的联合家庭已愈来愈少。

(二) 非传统家庭模式

1. 夫妻家庭

夫妻家庭是由夫妻两人组成的家庭，包括夫妻婚后的“丁克家庭”和老年“空巢家庭”两种具体形式。

丁克家庭是指男女双方婚后不愿生育或不能生育子女，也不愿收养子女，只有夫妻二人世界的家庭，即家庭关系中无亲子关系只有夫妻关系的家庭。

空巢家庭指有子女但子女已成家立业，或在国外，或在外地，或同处一地而不与父母一起居住，家中只有老夫妻俩，或一方丧偶（离异），老人单独生活的家庭。

2. 单亲家庭

单亲家庭是由于离异、丧偶、收养或非婚生等原因而形成的只有父亲或母亲和未婚子女组成的两代家庭，它包括父亲单亲家庭和母亲单亲家庭两种具体形式。

3. 组合式家庭

组合式家庭是在家庭规模逐渐缩小，核心家庭迅速增加的情况下，鉴于核心家庭小辈不便于照顾老人，老人也不便于帮助小辈解除一些家务负担和照料孩子的情况下，派生出的一种组合式家庭。所谓“组合式”是指可分可合，小辈和老人不住在一起，但居住距离较近，招之即到。双方是两个家庭，经济分开，但是小辈常到老人处吃饭，甚至连第三代也托付老人照管。这样既方便相互关照，又避免两代人住在一起，天长日久可能发生矛盾以及家庭管理的复杂化。目前，这种组合式家庭已相当普遍。

三、现代家庭的功能

家庭功能是指家庭在社会生活中所起的作用，这种作用因国家及社会发展阶段的不同而不同。

家庭作为个体与社会的结合点，最基本的功能是满足家庭成员在生理、心理及社会方面最基本的需要。家庭的功能主要表现在保持家庭的完整性，满足家庭及家庭成员的需要，实现社会对家庭的期望等方面。所有家庭都有其特定的功能以满足个体需求、维护家庭和符合社会的期望。那么，一般而言家庭到底有哪些功能呢？

(一) 家庭的基本功能

1. 经济功能

经济功能是家庭功能中最主要和最基本的功能。它包括生产功能和消费功能两个方面。

生产功能是指家庭具有物质生产公用的效能，也指在个体经济存在的前提下，生产以家庭为单位进行，这样的家庭具有生产功能。家庭的生产功能，一方面为社会的存在和发展进行生产，另一方面也为家庭成员的消费需要进行生产。

就消费功能而言，家庭自产生以来，一直就作为物质消费单位对社会发挥着作用。由于家庭既从事生产又进行生活，因而家庭消费功能也包括生产消费和生活消费两部分。在社会由农业自然经济向现代工业社会发展的进程中，伴随家庭生产功能中社会功能的转移和弱化，生产消费功能正相对减弱，与此相反，随着人们物质生活和文化生活的提高，生活资料的消费正日益增长，家庭成为实实在在的生活消费团体。

2. 性爱与生育功能

家庭的性爱与生育功能是家庭中最传统的功能，指性生活的满足和生育两个方面。

性行为是人的本能，但它的满足方式却是社会性的，即必须受到一定的社会法律和道德的限制。家庭的成立使夫妻之间的性生活建立在合法的基础之上，从而为人的健康和社会的稳定提供了基础。性爱功能是现代家庭中的一个重要的功能，它既包含夫妻满足性生活的要求，也包含夫妻情感上的互爱，这是人类经过漫长的进化而做出的合理选择。

人口的生殖繁衍是家庭的基本功能之一。从某种意义上讲，家庭是社会的生育单位，也是种族繁衍的保证，人类只有生育子女，绵延种族，才能延续人类社会，否则人与社会都无法存在。

3. 抚养和赡养功能

抚养和赡养是家庭的基本功能之一，具体表现为家庭代际关系中的双向义务与责任。

抚养是指父母对未成年子女的供养，它包括上代对下代人应尽的养育责任和义务，即家庭对未成年人，包括婴儿、儿童、少年及未自立的青年人的养育过程，目的是使新的一代成长为合格的社会成员。抚养还包括夫妻之间的相互供养和匡助。

赡养功能是指下代对上代人应尽的供养责任和义务，包括子女对父母的赡养，孙子女对父母、外祖父母的赡养，目的是对老一辈人的生命予以保全和爱护。赡养老人是中国家庭的一项传统功能，包括物质和经济上的资助，以及生活和精神上的照顾与慰藉。

家庭的抚养和赡养功能是人类和社会延续的保证。

4. 教育功能

教育功能是指家庭对其成员所起的教育作用，包括父母对子女的教育以及家庭成员间的互相教育，其中前者最为重要。它主要包括：父母对未成年子女的做人教育、文化教育、传授生活技能、灌输社会知识、促使个人社会化的责任。

5. 社会化功能

社会化是指一个人通过学习群体文化，学习承担社会角色，把自己融入群体中的过程。社会化始于家庭，而家庭又是家庭成员社会化的主要场所，因为家庭就是一个特殊的群体，家庭成员间特有的接触方式和交往活动，不仅帮助年幼的家庭成员学会语言、掌握社会行为和交往技巧，还能帮助他们理解、判断正确与错误等，并为他们适应社会奠定基础。

6. 休息与娱乐功能

在现代社会中，家庭作为工作之外人们活动的另一个重要场所，发挥着休息和满足家庭成员精神需求的功能。因为，家庭必需满足家庭成员的感情需求，以维持家庭的整体性。其实对每个家庭成员而言，各种心理立场的形成、个性的发展、感情的激起与发泄、品德和情操的锤炼、爱的培植和表现以及精神的安慰和寄托都离不开家庭。

从家庭的基本功能我们可以发现，家庭承担的功能与社会的发展阶段、家庭的生命周期以及文化等因素有关。家庭功能在家庭生命周期的不同阶段，会呈现出凸显和削弱的现象。因此，对家庭功能的理解应从整体上认识。

（二）家庭功能的变迁

家庭功能的变迁是指在社会的影响下，家庭功能所显现出来的变化，它包括功能替代、功能内涵的演变、功能外移、旧功能消失与新功能出现等。

当社会发生变化时，家庭功能相对来说是最先发生变化的。因此，家庭的功能会随着传统社会向现代社会的转变而发生变化。

目前，家庭功能的变化主要表现在哪些方面呢？

1. 经济功能淡化

在当今社会，家庭不再是生产的主要单位。由于现代家庭的各项消费和支出主要是依靠家庭成员在市场上获得的劳动报酬或工资收入来满足，而不是依靠自己家庭的生产来提供。因此，现代家庭的生产功能外移，家庭的主要经济功能表现为组织消费。

2. 社会化功能减弱

由于在当今社会，不是所有家庭都是有效社会化的主体，有些家庭中的父母很少经过明确的训练来对孩子进行社会化的教育，由此，年幼儿童的社会化越来越成为学校等教育机构的职责。因此，家庭的社会化功能正在减弱。

3. 赡养功能演变

在传统社会中赡养老人的责任是由家庭来承担的。但在现代社会中，随着社会福利制度的发展和完善，新的养老机构和体制将逐渐取代家庭的赡养功能。但家庭作为情感寄托的重要场所，它的基本功能永远无法取代。

4. 娱乐保健功能增强

保健功能是指家庭为其家庭成员提供防病治病、卫生保健及锻炼身体的条件和场所。随着社会经济的不断发展，家庭对家庭成员健康与精神的关注越来越重视。家庭作为家庭成员的基本保健单位，其家庭的娱乐和保健功能将发挥越来越重要的作用。

第三节　女性与现代家政

情景案例

姗姗与铮铮是两位大学生，她们听说学校要开设《女性与现代家政》课，反应极不相同。姗姗十分高兴，她觉得这是一门教女生如何做家务的课程，应该学习。铮铮却不同意，她觉得《女性与现代家政》如果是教大家如何做家务的课程，就是对女生的歧视。两个好朋友因对课程的理解、评价不同而产生了矛盾。

那么，《女性与现代家政》到底是一门什么样的课程？它与女性之间又是什么关系呢？

一、关于现代家政

（一）家政与家政学

1. 家政

家政，简单地说是指对家庭事务的管理。

其实，从历史上看，自从有了家庭就出现了家政。在我国古代，家政最初被理解为确定与维护家庭人伦秩序的家庭管理活动。如《周易》中就有“家人卦”，这是最早讲家政的篇目，其象辞说：“家人有严君焉，父母之谓也，父父子子，兄兄弟弟，夫夫妇妇，而家道正，正家而天下定矣。”其中的“正家”就是指的家政。由此可见，我国很早就开始重视家政，重视家庭管理对社会发展的影响。然而，由于中国几千年来的封建统治，逐渐形成“男主外、女主内”的分工模式，以至于一提“家政”，其主角必然是女性，于是家政也就变成了“家事”。

2. 家政学

家政学是以人类家庭生活为主要研究对象，研究人际之间、人与自然之间、人与社会之间的相互关系与作用，研究家庭结构、生活规律、管理方式及运作技巧，以提高家庭生活质量、强化家庭成员素质、指导家庭生活活动、促进家庭成员感情为内容的一门综合性应用学科。

由于家政学是以一定社会为背景形成的、以人类家庭生活为主要研究对象的综合性应用学科，因此，不同的国家对家政学的理解是不同的。

西方的家政理念产生于近代。由于受近代社会经济发展的影响，因此，1899年美国把家政学定义为家庭经济学，并认为家政学主要研究家庭的经济管理活动。

随着社会的发展，现在，东西方对“家政学”的认识开始趋于一致，今天大家普遍认为家政学中“家政”一词包括以下含义：

（1）家政是指家庭事务的管理。这里的管理包含了三个方面的意思。一是规划与决策；二是领导、指挥、协调和控制；三是参考、监督与评议。

（2）家政是指在家庭这个小群体中，与全体或部分家庭成员生活有关的事情，它带有一种“公事”的意味，另外还含有“要事”的意思。

（3）家政还指家庭生活办事的规则或者行为准则。家庭生活也需要有一些关于行为和关系的规定，这些规定对家庭而言，有的是写成条文的，有的是口头协定的，有的则是在长期共同生活中形成的习惯。这些规则有综合的，也有单项的，常常需要作特别的规定。

（4）家政指家庭生活中的实用知识与技能、技巧。家庭事务常常是具体而实际的，人们的修养、认识、管理都要与日常行为结合起来才能表明其意图，实现其愿望。

由此可见，家政学实质是家庭对家庭成员的各项事务进行科学认识、科学管理与实际操作，以利于家庭生活的安宁、舒适，确保家庭关系的和谐、亲密，以及家庭成员的全面发展的一门学问。

（二）家政与现代家政

家政学作为专业学科的建立于100余年前。最初将家政作为一门学科来研究是美国。从1862年开始，美国政府正式通过立法并提供资金的方式，鼓励社会各级学校广泛开设家政教育课程，并在高校成立家政系。目前，根据联合国教科文组织和国际家政学协会联合发布的调查报告显示：全世界至少40%的国家已把家政列为家庭教育、社会教育、基础教育、技能教育的必修课。

家政之所以受到关注，是因为随着社会的进步，家政的内容发生了深刻的变化，原有的家政已经转变为现代家政。

今天，家政学研究的内容主要有五个方面：

(1) 家庭物质生活方面。诸如住宅、室内布置、家具与装饰；饮食与营养；衣着和缝纫；家庭动、植物养殖等。

(2) 家庭精神文化生活方面。主要有家庭教育；理想情操陶冶；文娱、体育、旅游活动等。

(3) 家庭人际关系方面。有家庭内部关系；家庭外部关系，包括邻里关系、亲朋关系以及家庭成员工作单位的关系；恋爱与婚姻等。

(4) 家庭健康与保健方面。如家庭饮食、身心健康、卫生保健等。

(5) 家庭经济与环境方面。包括家庭理财与消费、家居环境的创设等。

由此可见，现代家政是以家庭生活为对象的一门综合性的交叉学科。随着人类社会的发展进步，现代家政研究的内容已远远超过了家庭本身，它涉及社会学、伦理学、教育学、心理学、美学、法学、生物学、营养学等社会科学和自然科学。它的研究对象，既有物质生活层面的家庭日常的事物和管理；又有精神生活层面的家庭人际关系、家庭教育及家庭文化生活等。因此，现代家政是一门与现代女性密切相关的综合性实用性学科。

二、女性与现代家政

（一）现代女性的家庭角色

女性无论是在父母的家庭，还是在自己建立的家庭，都必须面对家庭角色问题，那么，现代女性在家庭中承担着什么样的角色呢？

由于家庭功能的转变，现代女性在家庭中的价值也越来越明显，心理学家安德烈·莫洛亚曾说：“比起最伟大的成功的政治家，女人做家务，治理好一块完美的小天地，理应同样自豪。”确实在家庭中，女人以其特有的善意、聪慧、细腻承担着家庭特殊的使命和责任，用自己的全部热情、智慧和精力经营着家庭。因此，现代女性在家庭中扮演着越来越丰富的角色。

1. 管理会计师

管理会计师是财物管理专门人才的一种称谓，怎么会与现代女性在家庭中扮演的角色有关呢？其实，随着现代女性在家庭中肩负的家庭财政收支和经济事务往来的责任越来越多，现代女性对家庭内部的事务进行规划设计和管理的机会也越来越频繁，而这些工作正是管理会计师的角色和职责。由此，我们不难看到：现代女性越来越多地承担着家庭财务的管理者和执行者的角色。

我们知道，在市场经济条件下，家庭经济管理越来越繁杂多变，家庭经济规划和理财越来越丰富多彩，由于现代女性很好地扮演了为家庭发展实施综合信息的搜集、整理、分析、预测的角色，因此，现代女性在家庭中的经济作用越来越明显。

2. 理财规划师

理财规划师是指运用理财规划的原理、技术和方法，针对个人、家庭以及机构的理财目标，提供综合性理财咨询服务的人员。

在市场经济条件下，家庭也是社会的一个细胞，要提高家庭经济地位，现代女性常常肩负着对家庭理财规划和财产安全保障的职能。因此，她们会在现金分配、消费支出、教育、养老、投资、财产再分配等具体规划中，充当策划者，自觉或不自觉地扮演着家庭理财规划师的角色。

3. 计划采购师

采购师作为一种职业，是说从事商品和服务采购工作的人员。现代女性在家庭生活中，自然地扮演着采购师的角色，因为逛街是女性的天性，女性逛街不完全是为了购物，在很大程度上，是在履行搜集信息、侦查行情、盘点货源的职责，而这些工作正是为家庭采购做的基础工作。正是这些基础工作，使现代女性讲起购物来，个个都是行家里手，她们知道哪家商场在促销，哪家商场在店庆，哪家商场货源足，哪家商场价格优惠。由此可见，现代女性对计划采购师职责的贡献。

4. 营养保健师

吃得健康、吃得营养已成为现代人的一种时尚，营养师正是满足现代人健康需要的一种职业，它集厨师、保健师、中医、心理师、营销员、管理员等职业的特点于一身。因此，营养师不仅是食物专家，更是营养检测、营养强化、营养评估专家。现代女性身为家庭中的女主角，肩负着家人身心健康的重任。一方面，她们会针对家庭成员的年龄、体质、口味、喜好调整食物，根据家庭成员的身心状况，提供个性化服务，老人爱吃的、丈夫需要的、孩子喜欢的，都是她心中最熟练最钟爱的菜谱。什么时候清淡、什么时候进补、什么时候加糖、什么时候添醋，一切都在她的眼里、心中。另一方面，她还善于察言观色，调整家庭气氛，与家人交流与沟通，扮演着家庭心灵按摩师的角色，在融温情于细腻，融个性于和谐之中，协调着家庭成员的身心健康。

5. 家庭教育师

现代女性建立自己的家庭后，有了孩子，还必须承担起哺乳和教育的责任。

因为，哺育儿女是女性的天职，也是女性无私母爱的充分体现。当嗷嗷待哺的婴儿嗅到母乳的清香安静又满足地依偎在自己的怀抱时，正是女性最幸福最神圣的时刻。其实，母亲——家庭中的女性，从孩子的第一声啼哭到蹒跚学步，从孩子的咿呀学语到长大成人，始终充当着孩子人生的搀扶者、指路人和第一任老师的角色，她们指导孩子学习礼仪、道德和文化，培养善良、开朗的性格，形成健康、卫生的习惯。

6. 环境装饰师

装饰环境是女性的天性，她们常用自己的巧手，装饰和改变着家庭环境，使环境变得温馨而整洁，漂亮又有品味。在装饰环境时，她们不仅使用购买的产品，还会用自己的巧手，变废为宝，创造出个性化的作品，使家庭带有极强的个性。在装饰环境时，她们会货比三家，出其不意地发挥出商品的最大价值；在装饰环境时，她们会在小物件上下工夫，以小见大地让人眼前一亮，营造出属于她们自己家的特色。

（二）学习现代家政的意义

女性学习现代家政到底有什么作用呢？是让女性回到家庭承担起全部的家庭责任吗？不是的。女性学习现代家政的主要意义在于自身的成长。因为，家政教育可以补充女性在学校教育中的不足，使女性的发展更全面，使女性的成长更迅速。

1. 现代家政教育可以帮助女性关注自己以及家庭

在现实生活中，我们常常会发现这样一个现象，即人们会不自觉地将目光投向别人、投向周围、投向自己以外的世界。我们喜欢关注别人、议论别人、指点别人，我们喜欢用欣赏、陶醉的眼光，看待周围的世界及日新月异的变化。在这个过程中，我们忘记的恰恰是关注自己。其实，随着社会的发展变化，关注自己、善待自己已成为现代女性的特点之一，它包含的不仅仅是只想自己的私欲，更多的是以人为本的实事求是。现代家政从女性与时尚入手，将女性如何修饰自己，如何扬长避短，如何从关注自己到关注家庭，纳入女性与现代家政之中，帮助女性从认识、了解、关注自己到关注家庭，从而不断成长。

2. 现代家政教育可以促进女性的社会化发展

社会化是指个体在与社会的互动过程中，逐渐养成独特的人格，从生物人转变成社会人，并通过社会文化的内化和角色知识的学习，逐渐适应社会生活的过程。在人的社会化过程中，社会文化通过人达到继承、积累和延续，社会结构通过人得以持续和发展，人的个性也得到健全和完善。

家庭作为社会化的主体，对家庭成员的社会化起着十分重要的作用。

在家庭中，伴随着家庭关系的建立，特别是伴随着孩子的长大成人，父母也发生着变化，他们通过家庭人际交往，学习着社会礼仪；通过家庭人际交往，完成着各种家庭角色的转变。在这个过程中，女性往往通过父母的委托、孩子的希望、道德意识的约束、理想的实现等，加速自身的社会化。

我们通过现代家政的学习，可以了解家庭，为自身的社会化奠定基础。

3. 现代家政教育可以帮助女性社会角色的转变

在现代社会，每个人都要承担不同的社会角色，一般而言，女性既要承担女儿的角色，又要承担妻子的角色，还要承担母亲的角色，甚至更多。当女性面对一个新的社会角色时，常常需要一个较长的适应过程。因为，社会角色是指与人们的某种社会地位、身份相一致的权利、义务的规范与行为模式，它们是人们对具有特定身份的人的行为期望。

现代家政从某种意义上讲，就是帮助女性在头脑中建立起各种家庭角色形象，并有意识地了解和学习各种家庭角色，对不同的角色有一个正确的角色定位。

4. 现代家政教育可以促使女性了解和学习家庭生活的技能

家庭生活有技能吗？答案是肯定的。因为家庭生活也是需要经营的，一旦有经营存在，就有技能。如家庭环境如何打造，才能给家人放松舒适的感觉？服装如何管理，才能常穿常新？家庭财产如何投资，才能不断增值？家庭成员如何相处，才能化解矛盾？等等，都与家庭生活的技巧有关。

因此，现代家政教育可以在帮助女性获得家庭生活技能的同时，提升女性处理家庭矛盾和冲突的能力，从而促进自身的发展。

确实，由于现代家政的着眼点针对的是现代女性和现代家庭，教育的内容立足于正确的家庭理念和科学的生活方式，教育的目的在于培养女性规范自律的行为和规划家庭的能力。因此，《女性与现代家政》课程，有利于女性素质的提高，有利于承继和发扬中华民族的传统美德，更有利于提升女性自身的魅力与能力。

相关链接

与本章节相关的阅读书籍与网络

1. 简红雨：《现代家政学》，重庆出版社 2002 年版。

2. 朱运致：《能干女性：女性与家政》，中国劳动社会保障出版社 2008 年版。

3. 常桦：《现代女性健康与幸福之道》，武汉大学出版社 2011 年版。

4. 女性网

5. 新浪女性

思考与练习

1. 请结合现代女性的特点，分析自己的特点，并为自己的发展做一个规划。

2. 请结合家庭模式分析自己的家庭情况。

3. 根据你对现代家政概念的理解，说说你对这本教材内容的理解。

4. 现代女性的家庭角色正在发生着变化，请根据所学内容尝试分析你母亲的家庭角色。

5. 请结合事例，谈谈学习现代家政的意义与作用。

第二章 女性与时尚

- 了解时尚的一般知识。
- 掌握粗浅的化妆技巧，能正确选择化妆品。
- 提升对服饰的鉴赏力和管理能力。
- 学习规避淘宝风险。

时尚是现代女性的追求和向往，什么是时尚？如何正确地追求时尚，却是现代女性需要学习的内容。本章从化妆的学问、着装的技巧、化妆品与服装的管理三方面，将时尚与审美相结合，将时尚与健康相联系，力图从生活的细微处体现时尚，在追求时尚的同时正确地认识时尚，形成积极向上的情操。

其实“时尚”是指与时俱进的流行风尚，常常表现在装束穿着、言行举止、生活方式等各个方面。“时尚”作为一种大众文化现象，在不经意间体现的是人们的精神追求和价值观念。因此，时尚具有流行性、新颖性和形象性。

女性作为时尚的代言人，常常与时尚紧密相连。那么，什么是具有积极意义的时尚呢？其实，外在的时尚与人们的内在的观念是互为表里的，一定时间、空间、人群中的时尚，体现的恰恰是一定时间、空间、人群的精神追求和价值观念。因此，我们想通过化妆的学问、着装的技巧、化妆品与服装的管理三个内容的讨论，帮助女生建立正确的时尚观，做一个具有良好审美观的现代女性。

第一节 化妆的学问

情景案例

雅兰和小娟是好朋友，在学校时两人形影不离，亲密无间，同学们都很羡慕她们的默契。毕业前，这一对好姐妹因成绩优秀被学校推荐到一所知名幼儿园实习，实习结束后，雅兰被留在了幼儿园，而小娟却被退回了学校。

小娟很失落而雅兰也为好朋友愤愤不平，于是，雅兰找到幼儿园园长请求能够知道其原因，园长很和气地对雅兰说："进入我们幼儿园的实习生都是学校的优秀学生，在专业技能上各有优势，但我们观察到一个细节，小娟从实习到现在从来不注意个人形象的塑造，有一次家长把她当成了清洁工。还有一次和小朋友一起活动时，头发遮住了半边脸，本以为班级指导教师的提醒能够让她有所改变，没想到她依然不修边幅，从长远来看，一名教师没有关注到自身形象，想必也很难关心到幼儿形象吧！"

可见，对自身形象的管理是非常重要的一课，特别是现代女性，内外要兼修，不仅要有丰富的内在修养，还要有亮丽时尚的外在形象。那么，女性应具有什么样的时尚观？又应拥有哪些改变形象的技巧呢？

一、时尚外形的基础——整洁

整洁从字面上理解就是整齐清洁，从词义上解释，还含有端庄的意思。因此，整洁应成为现代女性具有亮丽时尚外形的基础。

那么，怎样才能做到整洁呢？让我们从脸部的清洁开始吧。因为，脸是我们每个人的第一张"名片"。

（一）脸部的清洁

如果有人问：怎样才能使脸部清洁？我想80%的女性会回答：洗脸。对，洗脸确实是使脸部清洁的好方法，但怎样洗脸才正确？可能只有20%的女性能回答。洗脸虽然是每个人每天要做的一件事情，但不是所有女性都能做得正确的事情。特别是早起困难的女性，洗脸成了一件被忽视的事情，在自来水管前，接几把凉水往脸上揉搓两下就算作洗脸，这是许多女性的习惯动作。其实，这样的洗脸不仅不能很好地清洁脸部，而且会对脸部皮肤产生不良影响。那么，应如何正确地清洁脸部呢？

1. 使用温水洗脸

洗脸用什么样温度的水很重要，早上很简单地用凉水洗脸，其实对皮肤是个打击。因为，这里有热胀冷缩的问题。当你用凉水洗脸时，脸部皮肤上的毛孔会收缩，毛孔中的脏东西因皮肤收缩被紧紧抓住，因此无论洗多少次也不会出来。相反，要是用温度很高的水洗脸，皮肤上的天然保湿油会过分流失，用再多的保湿水也难以补回来。所以，洗脸最好用温水。温水就是那种不冷不热的水，也就是让皮肤感觉舒服的水。

2. 考虑脸部的肤质

脸部肤质是指脸上皮肤的质地，一般用干性、油性和混合型来区分。你想知道自己是什么肤质的皮肤吗？我们可以做个简单的小实验：

请接一盆凉水，用水充分打湿你的脸部皮肤，这个时候，摸一摸，看看脸颊上是不是黏糊糊的好像有一层油脂，如果有这种感觉，那么，你就是油性皮肤，如果摸着脸颊不那么滑腻，你就是干性皮肤。不过，很少会有女性是标准的油性或者干性皮肤，一般来说，混合型皮肤的女性更多，皮肤较为干燥的女性在鼻子周围会有些出油，而皮肤很油的女性也会在冬天里感觉到干燥。

针对干性偏油质的女性，应该怎样洗脸呢？干性或者干性偏油质的女性早上洗脸只用温水就可以了，主要是防止皮肤干燥。晚上洗脸要用较为温和的洁面产品，香皂是肯定不行的，要选择泡沫较少，温和型的洗面奶，至于补水还是美白作用，这些在洗面奶中的效果不明显，不需要多考虑。

针对油性偏混合肤质的女性，应该怎样洗脸呢？相对干性或干性偏油皮肤的女性来说，油性皮肤的女性在洗脸上要花多一点工夫，但这并不意味着需要增加洗脸次数，要知道，皮肤本身就具有保护和修复功能，所以每天最好洗脸次数维持在两次。那么，油性皮肤的女性在每次洗脸时，都必须使用洁面产品，只用水洗是没有效果的。这时，需要选用泡沫丰富的洁面霜。

3. 用洁面产品正确地洗脸

怎样用洁面产品洗脸？女性会觉得这个问题很多余，因为，每个洁面产品上都会写明使用办法，只要认真阅读就会使用。真是这样吗？

其实，使用洁面产品洗脸，应将洁面产品挤在手心，而不是直接涂在脸上。把洁面产品挤在手心后，可接少许温水，用两只手一起揉搓，使洁面产品在手心充分起泡，完全变成泡沫状之后，再用来洗脸，这样做是为了减少洁面产品直接使用时对脸部的刺激。

在用洁面产品往脸上涂抹的时候，要先从鼻子周围开始，因为鼻子周围也就是我们常说的 T 区，是最容易泛油、起黑头的区域。因此，使用洁面产品洗脸，应像画圆圈一样从鼻子开始向周围延伸，最后涂满全脸。

4. 科学地使用洗脸毛巾

毛巾是女性洗脸时必备的用具，这里也有个科学使用的问题。

因为，湿毛巾最容易滋生细菌，每当你拿着湿毛巾擦脸的时候，意味着千百万的细菌留在了你的皮肤上，渗入到毛细孔当中，你前面所做的清洁工作就全部白费了。

那么，怎么使用毛巾才科学呢？很简单，保持毛巾的干燥，每天洗脸过程中不要使用毛巾，全部用你的双手完成，在洗脸结束后，用干毛巾轻轻地在你的脸上将水沾干，并每隔三天，将毛巾彻底清洗晾晒一次，再继续使用。

如果经济条件允许，可以选择另外一种洗脸工具，就是洁面海绵，将洁面产品直接倒在洁面海绵上，揉搓起泡，再由鼻子到脸颊、额头的顺序进行擦拭，洁面海绵的好处在于不伤皮肤，能更有效地清洁脸部。

值得注意的是，不管是毛巾还是洁面海绵都需要定期更换，当毛巾和洁面海绵开始变硬，就说明已经有了卫生隐患，这个时候就需要更换新的了。

资料卡

护肤品的选择与使用

一、爽肤与润肤品的选择与使用

脸部皮肤的保养最需要的就是补水，不论脸上是出现细纹、色素沉淀还是暗黄，跟缺水有很大的关系，当你洗过脸之后，会感觉脸部有稍稍紧绷，这个时候需要及时地加以补水，才能够有效护理皮肤。

（一）选择爽肤水

爽肤水也称紧肤水、化妆水等，它的作用就在于再次清洁以恢复肌肤表面的酸碱值，并调理角质层，使肌肤更好地吸收，并为使用保养品做准备。所以洗完脸之后，使用爽肤水，可以迅速补充水分。专家建议油性皮肤使用紧肤水，健康皮肤使用爽肤水，干性皮肤使用柔肤水，混合皮肤 T 区使用紧肤水，敏感皮肤使用敏感水、修复水。

爽肤水大致可分为两类，一类有软化肌肤的作用，这类爽肤水比较适合秋冬干燥的季节；另一类可使肌肤达到紧致的效果，这类具有收敛、紧致皮肤作用的爽肤水适合在湿润的春夏季使用。当你在选择爽肤水时，不妨拿起来摇一摇，如果出现在水面上的泡沫多而细，说明营养很充足，如果泡沫较大，说明含有的酒精量较多，会刺激皮肤，如果几乎不起泡沫，说明水中的营养很少，不适合使用。

（二）爽肤水与乳液要配套使用

因为即使是再具保湿功效的爽肤水，搽在脸上也会迅速蒸发掉，只有在爽肤水之上再使用乳液，才能把水分封存在肌肤内。

在购买乳液的时候，尽量选择与爽肤水同一品牌、同一系列的产品，水和乳液相辅相成，可以保证营养有效地被吸收。但是，到了秋冬季节，天气干燥，对皮肤的影响也较大，这时需要选择质地更为厚实、油性较大的润肤霜。使用的顺序是先完成洁面之后，将爽肤水轻拍在脸部，再使用乳液或面霜。

（二）头发的整洁

头发松软黑亮有光泽，加上整齐的梳理，才能呈现女性光洁的面容，展现良好的素养和气质。很多女性不会像关注自己的脸一样关注自己的头发，其实清洁的脸没有整洁的头发衬托，会非常逊色。

1. 正确地洗头

一周洗几次头合适？不知有多少女性思考过这个问题，很多女性是跟着感觉走的。即头痒了再洗。这样的洗头方式是不正确的，正确的洗头方式应该是一周洗 4～7 次。因为，头发上的毛囊每天都在不断地分泌油脂以润滑头发，正常人平均每平方厘米的头皮上，分布着 144～192 个能分泌油脂的皮脂腺，所以，经常洗头不仅不会损伤头发，相反，良好的循环还能刺激皮脂腺的正常分泌，使头发滋润光泽。

2. 巧选洗发剂

洗发剂是洗头时必备的物品，在众多洗发剂中应如何选择？一般洗发剂有三大类，一类是洗发香波，它具有最基本的清洁功能；一类是营养性洗发剂，它具有营养头发的功能；还有一类是药物性洗发剂，它具有一定的治疗功能。女性在选择时应根据自己头发的情况来选择。另外，在选择时，还应考虑洗发剂的泡沫度、湿滑度和刺激性，因为泡沫太大，洗头时容易掉落到身上，泡沫太小又易造成泡沫裹在头皮上，不容易洗净干净。

3. 打理整洁的发型

发型的打理是要因人而异的，如方形脸有男性化的特征，线条会比较硬，这样的脸型最适合修剪一个有层次的刘海，不要让刘海特别齐，要让它长短不一，这样能弱化脸部较硬的线条，增加脸部的柔和度。你看，发型的打理很重要哟。发型的打理不仅与脸型有关，还与职业有一定的关系。那么什么样的发型才适合幼儿老师这个职业呢？其实，简单来说，就是干净、整齐。因为干净整齐的发型，不仅能让孩子们看清楚你的表情，还能让你充满活力与自信，散发出健康之美。

资料卡

脸型与发型

脸型与发型有关系吗？实践证明是有关系的。那么在众多发型中，到底什么样的发型与怎样的脸型组合才合适呢？其实，我们的脸型可以分成四种。即：圆形、椭圆形、长形和方形，下面我们就来看看这四种脸型与发型的关系。

圆形：圆形脸要改变脸圆的特点，有效的解决方法是用头发遮住脸，只露出面颊、下巴和眼睛，长短可视情况而定。同时还要注意将头发分出层次来，这样你的脸型看上去就会显得瘦长。值得注意的是，这种脸型的人切不要把两侧的头发留得太厚，因为那样会使你的脸看上去更圆。

椭圆形：如果你的脸是椭圆形，那么可供选择的发型就多了。但无论选择留长发还是短发，最好留成同一长度，这样看起来更整洁。

长形：长形脸的女性最好避免留短发，尤其不能将已到嘴角的头发剪掉，那样下巴会明显突出，脸会显得更长。另外刘海和盘头对于这种脸型的女性来说也不太合适。有效的办法是打理或装饰两侧的头发，使脸整体看起来变得丰满，或者尽可能地保持头发与脸的距离，将脸部展现出来，这样也会使脸显得更丰满。

方形：如果你的脸型属于方形，最好选择留长发，并在前额处做个有一定弯度的刘海。因为在头顶和头的两侧做发卷会使你的脸看上去更圆润。

二、时尚外形的补充——化妆

化妆是运用化妆品和工具，采取合乎规则的步骤和技巧，对人的面部五官进行渲染、描画、整理，以增强立体感，掩饰缺陷，表现神采，从而达到美容目的的一种方式。成功的化妆不仅能唤起女性心理和生理上的潜在活力，增强自信心，使人精神焕发，还能达到扬长避短的效果。因此，适度而合理的化妆是时尚外形的有益补充。

这里的适度与合理，是说化妆品的选用要适度，化妆要合理，因为过度使用化妆品不仅会损坏皮肤，而且还达不到扬长避短的效果。

那么，我们应该如何化妆呢？下面让我们一起走进化妆品，了解简单的化妆技巧。

（一）打底妆——保护皮肤、遮盖瑕疵

打底妆是妆前修饰的重要环节，它有两个作用，一是使脸部变得清爽，可以保护皮肤；二是可以遮盖瑕疵。因此有人说，打底妆的过程就像是给一幅画涂抹背景色，底妆的好坏不仅会影响妆容，还会影响皮肤。

底妆的化妆品类型很多，有隔离霜、粉底液、遮瑕膏、BB 霜、粉饼、散粉等，用什么样的化妆品应根据自己的肤质来选择。

皮肤白皙且干性偏油的女性，在选择底妆产品时，要注意保湿和轻薄。可以选择隔离霜，因为隔离霜有隔离紫外线和灰尘的作用，比其他底妆产品要薄，且保湿度好。值得一提的是，皮肤白皙的女性不需要再用提亮肤色的产品。因此，在使用隔离霜后，粉底液、遮瑕膏、BB 霜都可以省略，如果脸上有痘印或者色素沉淀的话，可以用遮瑕膏轻点在脸部瑕疵上，然后使用散粉定妆，因为粉饼会显得妆容厚重，增加皮肤的干燥，这样就可以完成底妆了。

皮肤白皙且油性偏混合的女性，在选择底妆产品时，要注意选择粉质细腻而不油腻的产品。由于油性偏混合型皮肤的女性，脸部出油会容易使彩妆脱落，常常刚画好的妆过一个小时就全部消失了，难以定妆，这个时候就需要选择粉质细腻的产品来帮助更好地定妆。由于皮肤白皙，可以不用遮盖效果很强的产品，自然就好。

皮肤较为暗黄的女性，要使肤色显得白嫩有光泽，应选择遮盖效果好一些的粉底液、BB 霜来提亮肤色。为使肤色看起来更自然更健康，可以选择较为自然的粉底液。

（二）修饰眉——提亮脸部、增加美感

修饰眉就是对眉毛的造型、形状、轮廓、线条进行人工修整的过程。

眉在颜面五官中起着重要的协调作用。它是眼睛的框架，眉和眼睛的关系就

像画框与画面的关系，好画需要适宜框架的衬托才能熠熠生辉。同样，粗细适中、浓淡相宜、线条优美的双眉，对于顾盼神飞的双眸来说，就像画框与画作。因此，修饰眉可以提亮脸部、增加美感。

那么，我们应如何修饰眉毛呢？其实修饰眉毛，也应考虑自己的脸型、眼型及原有眉型的特点。

圆形的脸，眉毛应画得弯曲一些，眉梢向上，最高点偏向外侧，不宜画浓眉。长方形的脸，眉毛可画得平直略长。方形的脸，应拔除眉头之上的眉毛，增加眉头坡度，眉心部分弯曲，眉峰向外。椭圆形的脸，眉头应微上扬，眉毛最高点应位于眉毛中央，眉梢长短适中，并和眉头位于同一水平线上，两头浅，中间深。三角形的脸，眉毛可画得长一些，眉头处也可深一些，但眉梢不能向下弯曲，可将眉峰最高点移向外侧，并使眉梢位于水平线的上方。菱形的脸，也就是我们长说的橄榄头，眉毛不宜画得太长，眉峰弯曲度要柔和，眉梢略高挑，这样可以打破菱形脸上半部太阳穴处向下的线条，使脸部变得柔和，眼睛更有神。

修饰眉毛时，建议用类似咖啡色的眉笔来画，先确定眉峰的位置，从眉峰处开始描画，化完后应用眉刷把笔触刷自然，不要有画过的痕迹。对于眉毛过于平直的女性，可将眉头与眉尾的上缘剃去少许，使眉毛形成柔和的弯度；对于眉毛高而粗的女性，可剃去上缘，使眉毛与眼睛之间的距离拉近些；对于眉毛太短的女性，可将眉尾修得尖细而柔和，再用眉笔将眉毛修饰长一些；对于眉毛稀疏的女性，可用眉笔描出短羽状的眉毛，以假乱真，再用眉刷轻刷，使其柔和自然。对戴眼镜的女性，眉毛不宜与镜框重叠，选择的眼镜可适当大一些，使眉毛能出现在镜片中。

（三）点亮眼、唇——提升表情、显现张力

俗话说“眼睛是心灵的窗户”，如何使眼睛真正成为心灵之窗呢？除了要有一定的文化底蕴，适当的修饰是必要的。

点亮眼睛的基本做法有两点，一是适当画眼线，就是在贴近睫毛的上眼皮处画一条细细的线，以增加眼睛的轮廓；二是画眼影，即用小号眼影刷从眼尾往前稍微涂一下，使眼睛有完美的眉形。

嘴唇在人的脸上起着举足轻重的作用，它不仅是交流的工具，更是表达思想情感的重要途径。那么，我们如何通过简单的打理，使嘴唇看起来更健康、更美丽呢？

首先应设计唇型，使唇线轮廓清晰，下唇略厚于上唇，嘴唇大小与脸型相宜，

嘴角微翘，唇峰清晰，整个嘴唇富有立体感。其次应用唇红笔或口红刷描出理想的轮廓线。最后用适宜颜色的唇刷刷上唇彩或画上口红。

(四) 扑腮红——修饰脸型、彰显健康

腮红就是我们常说的胭脂，使用后会使面颊呈现健康红润的颜色，还可以弥补脸型的不足。因此，扑腮红可以起到修饰脸型、彰显健康的效果。

为了使腮红达到修饰脸型的目的，不同的脸型应采用不同的修饰方式。

方形脸的腮红只需晕染。因为方形脸由于棱角太过明显，很容易给人不易亲近的感觉，这时可以通过晕染腮红来扬长避短。画的时候，可以选择椭圆头腮红刷，采用收敛、圆润的方法，从外眼眶、太阳穴然后连接到苹果肌的最顶点处。这样可以最大程度地修饰过于明显的脸部棱角。

圆形脸的腮红应画成斜“U”形的。画时，应用腮红刷，在苹果肌最高处的下方，绕过最高点到眼角外缘的下端，颜色逐渐减淡。

鹅蛋脸型的腮红应化成蘑菇状，打造蘑菇腮红可以使鹅蛋脸的女性更具时尚感。打腮红时，选择一只大号的腮红刷，由苹果肌的最高点处由内而外打圈就行了。

资料卡

选择适合自己的腮红品种

腮红有不同的品种，应根据自己的肤质进行选择。

粉质腮红，适宜油性肤质、混合性肤质的女性。其妆效特点是健康，具有自然美。粉质腮红最大的特点是能够帮油性肤质的女性，抑制一部分油光，且使用简便。

膏状腮红，适宜干性肤质、混合性肤质的女性。它的妆效特点是滋润服帖。膏状腮红中含有的油脂成分，不仅可以满足干渴肌肤的需求，而且很容易将色彩服帖地上在肌肤表面。因此，很适合干性肤质、混合性肤质的女性，但由于膏状腮红的色彩相对浓重，妆效持久，因此，在比较隆重的场合使用更合适一些。

液体腮红，适宜所有肤质的女性。它的妆效特点是持久自然，由于成分自然，它还可以用在嘴唇的装饰上，让双唇恢复童年的娇嫩。

(四) 卸妆——清洁皮肤、营养皮肤

卸妆是清洁和营养皮肤的最好办法。卸妆虽不复杂，但由于这一过程是在一天结束后进行的，很多女性会忽略，其实这种做法对皮肤非常不利。因为在我们周围的环境中，存在着许多破坏皮肤健康的因素，如空气污染、紫外线、尘埃、污物等。因此，无论是化妆还是不化妆，都应卸妆。那么，我们该如何卸妆呢？

1. 选择合适的卸妆产品

（1）卸妆油。卸妆油的主要功能是以油溶油。它适用的人群是每天都有完整上妆习惯和经常化浓妆的女性。以油溶油就是让乳化剂油脂与脸上的彩妆油污融合，达到彻底溶解彩妆的目的。不过值得注意的是，使用卸妆油之后，最好再用洗脸产品清洗一次，以保证彻底清洁。

（2）卸妆霜、乳。卸妆霜、乳的主要功能是去污润肤。适合干性、中性肌肤的女性。

卸妆霜的质地相对较厚，一般可以用来清除较为全面的妆容。卸妆乳的质地更加轻薄清爽一些，一般用来清除比较简单的妆容。需要提醒的是，这些卸妆产品，通常是用手指画圆圈的方式来溶解彩妆的，但千万不要长时间画圈，那样只会让彩妆污垢又被皮肤给“吃”进去，产生相反的效果。

（3）卸妆水。卸妆水含水量多，适用敏感肌肤、油性肌肤和混合肌肤的女性。由于卸妆水是通过产品中的非水溶性成分与皮肤上的污垢结合，达到快速卸妆的目的，因此，它比其他产品更能保证肌肤的含水量，令肌肤清爽水嫩。

2. 掌握卸妆的基本方法

卸妆的过程实质就是清洁皮肤的过程，这时应用卸妆产品和温水彻底清洁皮肤。由于化过妆的皮肤特别容易被粉垢和污垢闭塞，因此，要掌握一定的卸妆方法。

脸部卸妆前，应将额头、鼻窝、嘴角处作为卸装的重点，因为这些地方最容易沉积油脂，还应准备几片化妆棉，作为清洁脸部的用具。

卸妆时，先倒出约一茶匙的清洁乳在手心上，将清洁乳轻轻擦在颈部、面颊及额头上，然后，用化妆棉由颈部开始清洁，渐渐移到下颚、面颊、鼻子、鼻下部位、前额及眼部。化妆棉使用过后应立即丢弃，不要重复使用。接着，取一小片干净的化妆棉，沾些化妆水，轻拍于脸部。这样做的目的是继续清除清洁乳的残留物，并使皮肤保持酸碱平衡。

卸妆后，还应使用润肤霜滋润皮肤，使皮肤的水分保持得长久。

第二节　着装的技巧

情景案例

甜甜在学校时很爱看流行杂志，对穿衣打扮有一定的心得，但学校有严格的规定，每月的生活费也不够让甜甜真正按自己的心意打扮。等到毕业，甜甜因舞蹈出众，被一所知名幼儿园录取。高兴之余，她决定为自己置办一套喜欢的衣服。

上班第一天，甜甜穿着自己精心置办的服装出现在幼儿园：细高跟凉鞋、迷你短裙和紧身T恤。可让甜甜没想到的是这身装扮给她惹了不小的麻烦。

原来，入园时一名幼儿因妈妈没有满足其愿望而哭闹不休，甜甜蹲下来安慰他，希望能转移幼儿的注意力，就在这时，另一名幼儿走过来说："老师，你的衣服怎么变短了?"她的问题引起了其他幼儿的关注，而正在哭闹的幼儿也转身去看老师，原来甜甜蹲下后衣服往上卷了起来，露出了大片的后背，这让她尴尬不已。

等到游戏活动时，甜甜因穿着短裙怕曝光，穿着高跟鞋怕崴脚，既不敢跑也不敢跳，只好让幼儿自己活动，这一情景被保教主任看到了，等活动结束后，她对甜甜说："你今天的衣着很漂亮也很适合你，但相信你也感受到了，在幼儿园这个工作环境，我们面对的是活泼好动的幼儿，需要穿着适合这种工作氛围的服装，宽松舒适的运动装要比你今天的衣着更合适，你觉得呢?"

可见，服装的漂亮与否是要分场合的，因为任何漂亮的服装，只有在它所适宜的环境中才是最美的。那么，现代女性在着装时，应拥有哪些知识和技能呢?

一、搭配成就服装

服装的美是搭配出来的。其实对于服饰的搭配，早在20世纪70年代美国洛杉矶大学的心理学教授马瑞比恩博士就曾指出："我们每个人互相之间给对方留下的印象有55%取决于我们的外表，38%取决于我们的声音，7%才是谈话的实际内容和背景资料，这是几乎不以个人意志为转移的，不论你认为这样是否合理，事实就是如此——再也没有比让别人记住你的衣服从而记住你更好的办法了。”可见，服饰搭配在我们日常生活中是多么重要。

那么，我们如何在复杂的服饰搭配中，用简单的方法达到较好的效果呢？其实，关键是扬长避短和场合着装。

（一）扬长避短张扬脸型和身材

扬长避短是说在穿衣打扮，做事说话时要发扬长处，回避短处，用其长处来弥补自身的不足。

1. 脸型与服装的搭配

脸型一般是指面部轮廓的形状。它由脸上半部的上颌骨、颧骨、颞骨、额骨、顶骨和下半部的下颌骨的形态所构成。脸型的分类方法很多，中国人习惯根据脸型和汉字的相似之处，对脸型进行分类，通常将脸型分为：田字形脸型、国字形脸型、由字形脸型、用字形脸型、目字形脸型、甲字形脸型、风字形脸型和申字形脸型。现在，我们更适应根据亚洲人脸型的特点将脸型分为：三角形脸型、卵圆形脸型、圆形脸型、方形脸型、长圆形脸型、杏仁形脸型、菱形脸型、长方形脸型。

那么，应该如何判断自己的脸型呢？最简单的方法是将头发撩起露出发际线，使自己正面对着镜子，寻找三个宽度，即额头、颧骨、下颌的宽度。一般额头宽度为左右发际转折点之间的距离，颧骨宽度是左右颧骨最高点之间的距离，下颌宽度是两腮的最宽处，脸宽就是脸的最宽度，它是通过比较额头、颧骨、下颌的宽度来确定最宽值的。脸长则是从额顶到下巴底的垂直长度。掌握了这几个数值，则可以对照脸型和分类确定自己的脸型了。

由于每个人的身材脸型都不一样，要扬长避短发挥自己的最大优势，就要掌握一些避讳和适合自己的搭配方法。

长脸的女性，一般不宜穿与脸型相同领口的衣服，V 形领和开得较低领子的衣服也不合适。长脸女性适宜穿圆领口的衣服，也可穿高领口、马球衫或带有帽子的上衣。

方脸的女性，则不宜穿方形领口的衣服，方脸女性最适合穿 V 形或勺形领的衣服。

圆脸女性是女性中的普通人群，一般不宜穿圆领口的衣服，也不宜穿高领口的马球衫或带有帽子的衣服，最好穿 V 形领或者翻领衣服。

2. 身材与服装的搭配

身材是指身体的高矮胖瘦，一般由身高、体重、坐高、胸围、腰围、臀围、腰高、肩高、臂长、腿长等指标组成。我们常用身材匀称来形容人们拥有好身材，其实在人的身材比例中，还藏有“黄金分割”，也就是我们身体的各部分存在着一定比例的美学关系。如上、下身的最佳比例是以肚脐为界，上、下身比例为5∶8。胸围的最佳比例是由腋下沿胸部的上方最丰满处测量胸围，应为身高的一半。腰围的最佳比例是在正常情况下，腰围较胸围小20厘米。髋围的最佳比例是在体前耻骨平行于臀部最大部位，髋围较胸围大4厘米。而肩宽的最佳比例是两肩峰之间的距离等于胸围的一半减4厘米。

在现实生活中，各项指标都符合黄金比例的人不多，那么，要使自己的身材显示出挺拔匀称的美感，就需要利用服装来扬长避短。

窄肩的女性，修饰自己最好的方法是穿开长缝的或方形领口的衣服，或宽松的泡泡袖服装，或加垫肩类的饰物，而不宜穿无肩缝的毛衣或大衣，更不宜穿窄而深的V形领。而宽肩的女性正相反，她们要用衣物掩饰自己肩宽的缺憾，则适宜穿无肩缝的毛衣或大衣，或深而窄的V形领服饰，而不宜穿长缝的或宽方领口的衣服，不宜用垫肩类的饰物，也不太适宜穿泡泡袖衣服。

臂过粗的女性，适穿长袖衣服，不宜穿无袖衣服，即使是短袖衣服也最好选择短至手臂一半的。

手臂较长的女性，适合穿短而宽的盒子式袖子的衣服，或者宽袖口的长袖子衣服。而手臂较短的女性，则不宜用太宽的袖口边作装饰。

长腰的女性，适合穿高腰且上有褶饰的罩衫或带有裙腰的裙子，如要系腰带，应系与下半身服装同颜色的宽腰带，而不宜系窄腰带，更不宜穿腰部下垂的服装。腰线较短的女性，适合穿使腰、臀有下垂趋势的服装，系与上衣颜色相同的窄腰带，而不宜穿高腰服装和系宽腰带。

宽臀的女性，最好不要穿臀部补缀口袋的裤子，也不宜穿大褶或碎褶有鼓胀感的裙子，这类女性适合穿柔软合身、线条苗条的裙子或裤子，如裙子有长排纽扣或中央接缝，则可更好地修饰其臀部。而窄臀的女性，则适合穿宽松袋状的裤子或宽松打褶的裙子，但不宜穿瘦长或过紧的裙和裤，因为宽松的裙、裤，可以帮助窄臀的女性，使其显得比较丰满。

资料卡

服饰与性格

服饰能够修饰人们的身材，也能反映一个人的性格。

一般而言，经常穿大方、朴素衣服的人，性格较沉着稳重，为人真诚厚道，工作、学习认真，办事原则性强，具有一定的责任心，工作踏实且含蓄，遇事冷静而理智。但这类人比较本分，缺乏创新能力和魄力。

经常穿淡色衣服的人，个性较开朗活泼，谈吐好，善交际。而经常穿深色衣服的人，性格较稳重，有一定的城府，遇事冷静，深谋远虑。

有些人常根据自己的喜好选择服装的颜色与款式，不受潮流的影响，这类人一般独立性强，有一定的判断力、决策力和自主性。

还有些人，喜欢穿同一款式的衣服，这类人的性格大多比较直率、爽朗，对自己有很强的自信心。他们对人对事态度端正、是非分明、遵守诺言，但有时清高自傲，因自我意识较强，立场难以改变。

（二）场合着装让服装为活动加分

场合着装是指依据不同的场合着装规则进行服饰搭配，打造完美形象的过程。场合着装的原则最早是由西方人提出来的，即着装时必须考虑时间、地点、目的这三个要素，使服饰为活动加分。

一般而言，人们依据所处场合的不同，将服装分为三大类：职业类、休闲类、正式社交类。

1. 职场着装

职业场合着装一般分为严肃职场和非严肃职场。严肃职场主要指正式商务场合，非严肃职场又称一般职场。严肃职场的服装应表现出思维冷静、严谨的形象。因此一般以正式、干练的服装为宜，而非严谨职场应既表达职业感又表达亲和力，以相对正式、柔美的服装为宜，以营造友好、开放、互相尊重的印象。

2. 休闲服装

休闲服装作为一种现代新兴流行服装类别，是运动服装和生活服装的结合，它不仅满足了服装对人们舒适性的要求，也较好地展示了人们的个性和时尚，由于休闲服装能灵活多变地搭配，因此，人们常根据身处的场所与服装功能，将休闲服装分为时尚休闲、家居休闲和运动休闲服装。

3. 正式社交着装

正式社交着装是指礼仪服装，是表现一定礼仪的，在特定的时间、场合穿着的正规服装。一般包括：午服，即下午服或略礼服，是指白天外出做正式拜会访问时穿着的服装；小礼服，即准礼服或鸡尾酒会服；大礼服，即晚礼服、夜礼服、舞会服，这类服装是女性正式礼服的最高档次，也是最具特色，充分展示个性的礼服。

在重要会议、会谈、庄重的仪式以及正式宴请等社交场合，女性的着装应端庄得体。上衣讲究平整挺括，裙子以窄裙为主，衬衫以单色为最佳。穿着衬衫时，衬衫的下摆应掖入裙腰之内，不要悬垂于裙腰外或在腰间打结。穿着西装套裙时，不要直接外穿衬衫。鞋子应是高跟鞋或中跟鞋，袜子应是高筒袜或连裤袜。鞋袜的颜色应与西装套裙相搭配。

在现代人际交往中，由于服饰在很大程度上反映了人们的社会地位、身份、职业，以及个人文化素养和审美品位。因此，考虑时间、地点、目的的场合着装，对现代女性十分重要，她不仅是一种礼仪，还是一种文化。现代女性要让服装为活动加分，就要关注服装与场所的关系，在面对上级领导时，穿着大方庄重；在应聘面试时，穿着干练柔美；在探望病人时，穿着温暖活泼；在学术交流时，穿着淳朴有气质；在自己喜欢的人面前，穿着优雅得体，你一定将备受欢迎。

资料卡

混　搭

混搭是时尚界的一个专用名词，指将不同风格、不同材质、不同身价的饰品按照个人喜好和审美情趣拼凑在一起，从而搭配出完全个性化的风格。

混搭是一种时尚，也是一种审美，它拒绝胡穿乱配和毫无章法，它强调的是混而不是乱。如韩式混搭的叠穿法则；复古混搭的黑色皮衣、随意围巾加绿色复古雪纺半身裙；前卫混搭的休闲帽衫卫衣，搭配高跟鞋等，都是将休闲风格、朋克风格、典雅风格有机地混合在一起，制造出让人惊讶的气质。

混搭是否成功，关键是要确定一个“基调”，并以这种基调风格为主线，其他风格做点缀，分出轻重和主次。混搭是否出彩，关键是要注意颜色，从衣服到配饰、鞋子和手包……都要围绕一个颜色主题，一般颜色以三四种为宜，同时注意颜色之间的过渡和呼应，体现一种看似不经意间流露出来的精致。

二、颜色成就美感

服装色彩是服装感观的第一印象，由于颜色对心理及生活的影响是公认的事实，而每个人都有色彩心理倾向，因此，服装的颜色对人具有极强的吸引力，从某种意义上讲，服装的颜色成就美感。

一般而言，服装的颜色可以给我们的视觉带来冷暖效应，冷色调显得沉稳、安静、庄重；暖色调显得活泼、热烈、奔放。如果将冷色系或暖色系协调搭配，则能给人柔和的色彩感觉，如果将色彩按强烈色或补色对比搭配，则能给人强烈的色彩感觉。

（一）色彩中的秘密

1. 色彩的含义

确切地说，色彩本身是没有意义的，它只是一种物理现象，但由于色彩可以在不知不觉间影响人的心理，左右人的情绪，所以色彩又能给人以特定的含义。如红色常常与活跃、热情、勇敢、爱情、健康、野蛮等词汇相联系，表现出热烈、冲动、强有力的感觉；橙色常常与富饶、充实、未来、友爱、豪爽、积极等词汇相联系，表现出温暖、华丽的感觉；绿色常常与公平、自然、和平、幸福、理智等词汇相联系，表现出天然、康复、希望的感觉；蓝色常常与自信、永恒、真实、沉默、冷静等词汇相联系，表现出宁静、稳定、平和的感觉；紫色常常与权威、尊敬、高贵、优雅、信仰、孤独等词汇相联系，表现出灵性、神秘、智慧的感觉；黑色常常与神秘、寂寞、黑暗、压力、严肃、气势等词汇相联系，而白色常常与神圣、纯洁、无私、朴素、平安、诚实等词汇相联系。

2. 色彩的搭配

色彩是需要搭配的。由于不同的色彩会搭配出不同的视觉效果，因此，色彩的搭配也是一种艺术。

服装上的色彩搭配，需要考虑的重要因素是色系，服装的搭配一般从四个方面考虑色系的问题。

（1）同色系搭配。同色系是指一系列色相相同或相近，由明度变化而产生的浓淡深浅不同的色调。同种色系搭配，是服装搭配中的一种最简便、最基本、最常见的配色方法。就是将同一色系中的粉红和大红，玫红和草莓红等同色系服装，变化搭配穿出层次感。同色系搭配可以取得端庄、沉静、稳重的效果，也可以烘托出成熟优雅、简单大方的气质。

（2）近似色搭配。近似色系是指色相环大约在 90 度以内的邻近色，如红与橙黄、黄绿与绿、绿与青紫等都是近似色。试想在早春的时候，我们如果将绿色和嫩黄色搭配穿戴，会给人怎样的视觉感？对，它带给人们的就是一种春天的感觉。

素雅、青春又不失活力，这就是近似色的作用。由于近似色服装搭配变化多且空间大，如果现代女性能巧妙地运用近似色，不仅能使服装获得协调统一的整体效果，还能穿出时尚百搭的风格。

（3）对比色搭配。对比色是指在色相环中每一个颜色对面（180 度对角）的颜色，如红与绿、蓝与橙就互为对比色。还有人认为对比色是两种可以明显区分的色彩，它包括色相对比、明度对比、饱和度对比、冷暖对比、补色对比、色彩和消色的对比等。对比色搭配的服装，常常给人很强的视觉冲击力，如白上衣配黑裤子等。

（4）主色调搭配。主色调搭配是以一种服装的颜色为主，同时采用相近色或对比色，对主色调起调和作用的服装配搭方法。在运用这种方法配搭服装时，应先确定主色，并使主色在整套服饰中占较大面积或较重要的位置，同时选择辅色，辅色的选择要符合服饰的整体基调。

资料卡

服装颜色的搭配

1. 白色服装的搭配

白色可以与任何颜色的服装搭配，但要搭配得巧妙，也需费一番心思。白色下装配带条纹的淡黄色上衣，是柔和色的最佳组合；下身着象牙白长裤，上身穿淡紫色西装，配以纯白色衬衣，不失为一种成功的配色，可充分显示自我个性；象牙白长裤与淡色休闲衫配穿，也是一种成功的组合；白色褶折裙配淡粉红色毛衣，会给人以温柔飘逸的感觉；上身着白色休闲衫，下身穿红色窄裙，会显得热情潇洒。

2. 蓝色服装的搭配

在所有颜色中，蓝色服装最容易与其他颜色搭配。不管是近似于黑色的蓝色，还是深蓝色，都比较容易搭配，而且，蓝色具有紧缩身材的效果。

生动的蓝色搭配红色，使人显得妩媚、俏丽。近似黑色的蓝色外套，配白衬衣，再系上领结，出席一些正式场合，会使人显得神秘且不失浪漫。曲线鲜明的蓝色外套和及膝的蓝色裙子，再以白衬衣、白袜子、白鞋点缀，会透出一种轻盈的妩媚气息。蓝色外套和蓝色背心，配细条纹灰色长裤，会呈现出素雅的风格。蓝色外套配灰色褶裙，是一种略带保守的组合，但这种组合能配以葡萄酒色衬衫和花格袜，则不仅能显露个性，也会使服装变得明快起来。有时蓝色与淡紫色相配，会给人一种微妙的感觉，如蓝色长裙配白衬衫，如能再穿上一件淡紫色的小外套，便会平添几分成熟的都市韵味。

3. 黑色服装的搭配

黑色是个百搭的色彩，无论与什么色彩放在一起，都会别有一番风情。瞧，双休日我们换上黑色的印花T恤，换上米色的纯棉及膝A字裙，穿着白底彩色条纹的平底休闲鞋，整个人看起来不仅舒适，还充满阳光气息。

4. 米色服装的搭配

在现代时尚中，米色因其简约又富于知性美而成为着装的常青色。因为与白色相比，米色多了几分暖意与典雅；与黑色相比，米色又多了几分纯洁与柔和。在追求简单的时尚潮流中，米色以其纯净典雅的气息越来越受到人们的喜爱。如一件浅米色的高领短袖毛衫，配上一条黑色精致的西裤，就将职业女性的专业感觉烘托得恰到好处。但要将任何一种颜色穿出最佳效果，都要讲究搭配，米色也需要配搭。

（二）肤色与服装的颜色

肤色是指人类皮肤表皮层因黑色素、原血红素、叶红素等色素沉着所反映出的皮肤颜色。人的肤色与动物相比，从白到黑颜色变异范围甚广，由于肤色也是一种特定的颜色，因此，是否考虑肤色选择服装，常能收到“事半功倍”或“事倍功半”的效果。

我们曾有这样的经历，新买的衣服穿在身上，期待着朋友或同学的称赞，大家的反应竟然是：“你怎么了？脸色这么难看，生病了吗?”你一定十分窘迫并大感意外。其实，这正是肤色与服装颜色搭配不宜造成的，由于每个人的肤色都有一个基调，有些颜色与皮肤基色十分协调，有些却相互影响，变得暗淡无光，因此，要使颜色成就美感，就一定要了解肤色与颜色的关系。

1. 我们的肤色

肤色的遗传特点是人种划分的指标之一，我们根据遗传特点，将肤色划分为白色人种、黄色人种、黑色人种和褐色人种。目前，白色人种是世界上人口最多的人种，占世界总人口的54%左右。他们肤色的特点是浅淡，头发柔软呈波状，眼色碧蓝或灰棕，鼻子窄而高，唇薄或适中。黄色人种肤色呈黄色或黄褐色，头发大多色黑且直硬，眼球呈褐色，鼻宽度中等，鼻梁不高，唇厚适中，大多略向前突出。黑色人种肤色黝黑，头发黑，呈波浪形或卷曲，黑眼睛，鼻子宽扁，嘴唇厚且凸。褐色人种皮肤为棕色或巧克力色，头发棕黑色并且卷曲，鼻子宽，口鼻部前突，胡子和体毛发达。

2. 肤色与服装的色彩

服装色彩整体美的重要因素之一，是人体肤色与服装色彩的默契配合。虽然人体肤色分为白色、黄色、黑色、褐色，由于每种皮肤有明度的差异，如中国人是黄种人，大体上都是黄色肤色，但有的偏向白皙，有的偏向黄黑，还有的偏向棕黄。因此，肤色与服装的颜色也存在着和谐的问题，只有协调的色彩才会产生美的视觉效果。

（1）白里透红的肤色。白里透红是现代女性最理想的肤色，它不但带有一种天然的光泽，而且显得健康、有朝气。这种肤色和任何一种颜色的服装搭配都比较和谐，有很大的宽容性。如穿上暖色调的服装，则会显得温和、大方，如配上冷色调的服装，则会显得文静、高雅。

（2）偏黄的肤色。东方女性的肤色普遍偏黄，有一种被阳光照射的美感，属于暖色调。这类肤色不宜穿对比度大的服装，如绿色、紫色等。偏黄皮肤的女性可以穿乳白色或浅黄色服装，如果在浅黄色里融进浅灰色，不但不会使肤色显得黄，相反浅黄色和浅灰色的互补，还会恰到好处地体现黄皮肤的清丽、古朴和柔美。

（3）黄里带黑的肤色。黄里带黑皮肤的女性，宜穿暖色调的弱饱和色衣着，亦可穿纯黑色衣着，并以绿、红和紫罗兰色作为补充色，或以白、灰和黑色三种颜色作为调和色。这类女性忌穿灰色系列，因为灰色系列会使黄里带黑的皮肤显得更黑。这里的灰色是指烟灰、红灰、蓝灰、黄灰等。黄里带黑的皮肤，也不宜穿花纹图案模糊不清的服装，因为这种模糊的图案会使肤色显得更暗。这类现代女性宜穿花型简洁、明朗，图案边缘清晰的服装。

（4）白里透青的肤色。白里透青肤色的女性，因为肤色为冷色调，因此忌穿偏灰、偏咖啡、偏蓝色系的服装，而宜穿红色系列的服装，如扇贝红、大红、桃红等，既可以单独使用，也可以与其他颜色配合使用，使青白的脸色显得柔和、健康，否则将会使肤色显得病态。

（5）棕色的肤色。棕色皮肤和棕红色皮肤的女性，最忌搭配相近颜色的服装，如咖啡色等。另外，深红色和绿色对棕色、棕红色皮肤也不适宜，它会使皮肤的颜色发暗。棕色皮肤的女性宜穿乳白色和灰色的服装，因为乳白色和灰色能与棕色皮肤相互补充，能较好地体现棕色皮肤的细腻、典雅，使皮肤的颜色看起来显得浅一些。另外，棕色皮肤的女性，宜穿花纹图案边缘比较清晰、鲜明的服装，这样的图案，会使肤色显得健康、干净。

（三）身材与服装的颜色

通过服装的颜色衬托出人体的自然美，是服装的一大功能。由于服装的色彩对人的视觉有极强的冲击力，通过服装冷、暖色彩的变化，制造出扩张感和收缩感，是颜色成就美感的突出特征之一。

1. 体型偏胖的女性

体型偏胖的女性，宜选择富于收缩感的深色和冷色调服装，通过服装的收缩感，改变形象而产生苗条感。如果你是肌体细腻丰腴的女性，亮而暖的色调也适宜，你还可以选择纯色或有立体感的花纹，竖色条纹等也能产生修长、苗条的感觉。

2. 体型瘦削的女性

体型瘦削的女性，应选择富有扩张感的淡色和沉稳的暖色，而不应选择清冷的蓝绿色或高明度的暖色，还可利用衣料的花色调节，比如大格子花纹、横色条纹等，使瘦体型横向舒展、延伸，显得丰满。

3. 重梨型身材的女性

重梨型身材女性的特点是上身比较瘦，下身比较丰满。这类女性的上装应用明色调如白、粉红、浅蓝等，下装应用暗色调如黑色、深灰色、咖啡色等，通过上下色彩的对比，突出上身隐藏下身。

4. 苹果型身材的女性

苹果型身材女性的特点是上身丰满，腿比较细。这种体型恰好和重梨型相反，这类女性选择服装的颜色时，上身宜穿深色系衣服如黑色、墨绿色、深咖啡等，下装应选择明亮的浅色如白、浅灰等。

第三节　化妆品与服装的管理

情景案例

小真是个爱跳舞的女生，由于舞蹈成绩名列前茅，她被选入学校艺术团，经常参加学校组织的大型活动。因比同龄人更多地接触化妆，渐渐地，她发现化妆品能让自己看起来更精致漂亮，于是，在很多不需要参加活动的课外时间，她也喜欢化妆。

时间不长，她发现自己的皮肤发红、发痒，变得粗糙并长出了痘痘。在一次周末回家时，妈妈发现了她糟糕的皮肤状况，马上带她去了医院，医生仔细询问小真："你平时常用化妆品吗?""在哪里买的?是不是正规厂家生产的?"小真如实回答了医生的问题，对于正规厂家和品牌，小真从来没关注，她的化妆品都是在学校附近的小店购买的，很便宜。

大夫在仔细检查后，对小真说："你的皮肤已被不合格的化妆品损害，变成敏感性肤质，以后对所有的外界环境都会有很强的排斥和反应，最好不要再使用化妆品。"听到这里，小真难受极了，无知的爱美方式伤害的是自己的皮肤。那么，女性应如何正确地使用化妆品和管理自己的服饰呢?

一、正确管理化妆品

化妆品是指以涂抹、喷洒或其他类似方法，散布于人体表面的任何部位，如皮肤、毛发、指甲、唇齿等，以达到清洁、保养、美容、修饰和改变外观，或者修正人体气味，保持良好状态为目的的化学工业品或精细化工产品。由于化妆品大多是化学合成品，因此购买和使用不当，也会对人造成伤害。要管理好化妆品，就要学会安全正确地选择化妆品，以及识别化妆品中的有害物质。

（一）正确选购化妆品

1. 确定购买场地

（1）商场专柜。商场专柜常常是现代女性购买化妆品的首选之地，这是为什么呢?首先，商场专柜的商品往往通过正规渠道进货，有严格的筛选；其次，商场专柜的服务人员，受过专业的品牌知识培训，非常了解产品的属性，以及适合人群和不良反应，对于购买者来说，既可享受专业的服务，又可以安全地选择适合自己的产品，还能学习各种实用技术；再次，商场专柜常设有皮肤测试仪，购买者能明确了解自己的肤质，从而选择适合的商品。

（2）有资质的专卖店。有资质的专卖店，也是现代女性购买化妆品的必选之地。因为，相对于商场专柜，一般专卖店的同类产品会比较便宜，但由于有些专卖店缺少商场的监督环节，产品的真实性也缺乏保障，因此，要认清资质。

2. 了解保质期

保质期是指产品在正常条件下的质量保证期限，不同的产品有不同的保质期，在保质期内，产品的生产企业对该产品的质量条件负责，消费者可以安全使用。

购买化妆品确认保质期是十分重要的环节，因为化妆品放置时间过久，可因日晒、氧化而变色、变味，同时还可因微生物污染而变质。使用超过保质期的产品，不仅可使皮肤过敏，还可能引起其他病变。

那么，各类化妆品的保质期是怎样的呢？

（1）香皂和洗面奶。香皂的保质期为 3 年。由于香皂沾水易变形，甚至可能产生霉斑，因此，香皂上一旦出现霉斑或过分滑腻，即应停止使用。洗面奶的保质期为 2 年～3 年，洗面奶与香皂相比虽不易受污染，但也应确保在保质期内使用。

（2）润肤霜和爽肤水。润肤霜、爽肤水、收缩水的保质期均是 2 年～3 年，润肤霜应外表细腻，香味纯正。爽肤水和收缩水应晶莹透明，无浑浊和沉淀。

（3）润唇膏和粉底。润唇膏由于是蜡制成，所以保质期长达数年，但在使用时，应密切观察，一旦出现溶化、溢出、异味，则应停止使用。粉状粉底的保质期为 3 年；膏状、液状粉底的保质期均为 2 年，如因使用不当出现霉变，也应停止使用。

（4）睫毛膏和眼影霜。睫毛膏一旦开始用，3 个月～6 个月内必须更换。眼影霜的保质期为 2 年。液状眼线笔可存放 3 个月～6 个月，一般眼线笔可存放 3 年～5 年。如发生溶化、灰尘化则应舍去。

（5）防晒霜和香水。防晒霜的保质期为 3 年。香水因香气容易挥发，可存放一年左右。

值得注意的是，与化妆品同时使用的化妆工具，因其极易藏匿细菌，应 3 个月～6 个月更换一次。

3. 识别有害物质

（1）测试铅含量。测试化妆品中铅含量的最简单方法是使用银戒。一般在使用一种新化妆品之前，可以先在手背或耳根上试用，因为这两个部位是人体感知最敏感的区域，在涂抹均匀后，可以利用手边的银戒，在涂抹区稍用力摩擦，如果银戒呈黑色或浅黑色痕迹，说明其中含有铅等重金属物质，黑色越深，铅含量越大。如果化妆品中的铅等金属物质含量超标，将会导致神经系统疾病，甚至影响消化系统。

（2）测试抗氧化功能。很多化妆品都强调具有抗氧化功能，我们购买的化妆品有没有这一功能呢？用几滴碘酒就可以测试出来。

用透明玻璃器皿倒上些清水，并在水中滴入碘酒，碘酒与水的比例大约为1：50，摇匀，把需要测试的产品，如爽肤水、洗面奶等放少许在其中，充分搅拌，如果产品与液体充分溶解并且水能恢复到清澈透明，说明其具有抗氧化功能，如果水不能还原或变黑了，则说明该化妆品不具备抗氧化功能。

（3）测洗面奶的酸碱性。你知道吗？我们的皮肤表面有一层弱酸膜，它使我们的皮肤呈现出弱酸性，从而保护着我们的皮肤不被细菌侵袭，如果皮肤表层的弱酸膜被破坏，则易导致细菌在碱性环境下滋生。因此，选用弱酸的洗面奶对清洁皮肤更有帮助。那么，如何检测洁肤产品是否呈碱性？一张 pH 试纸就能解决问题，将少量的产品涂在试纸上，几分钟后如果试纸变成深绿色，就表明该洗面奶的碱性成分过多。

（二）正确使用化妆品

对现代女性而言，正确使用化妆品已成为化妆品管理中的重要内容。那么，应如何正确使用化妆品呢？

1. 选用新产品要测试

选用新产品前的测试，是说在选用某种新的、自己不熟悉的或从未使用过的化妆品之前，要先做皮肤测试。这时的测试是在手背处小面积试用，以观察自己是否过敏，如果没有发红发痒等不良反应，则可以选用。

2. 使用旧产品注意保质期

由于化妆品中含有脂肪、蛋白质等物质，时间长了容易变质或被细菌感染，特别是营养型、药用型化妆品，有其生物活跃期。因此，化妆品应选用新鲜的，在有效期内使用。如暂时不用，也应贮存在阴凉干燥通风处，而不宜存放在冰箱内冷冻，因为，冷冻后的化妆品会使其成分分离，不能再使用。

3. 正在使用的化妆品要注意细节

有些现代女性喜欢将不同品牌的化妆品混合使用，这样的习惯不好。其实，不同品牌、不同系列、不同类型的化妆品，最好不要混合使用，以免产生不良反应或不良气味。

化妆品一般是外用商品，因此，进餐前最好擦掉口红。睡眠时也应将皮肤上的化妆品洗去，不要涂着化妆品入睡。由于维生素 C 和维生素 E 相对容易氧化，使用这类化妆品时，应尽快用完。当化妆品被打开后，外盖内的小保护盖，不应丢弃，而应坚持使用，因为，它不仅可以防止空气进入，而且能减少活性成分的流失。

二、正确管理服装

（一）购买服装有技巧

服装是对人体起保护、防静电和装饰作用的制品，随着社会的发展进步，服装对现代女性而言，已经成为一种带有工艺性的生活必需品，而且在一定程度上，反映着人们的审美情趣和文化教育水平。

那么，购买服装有没有技巧呢？一般而言，购买服装一是要购买1件～2件经典款式的衣服，以保证其不过时；二是要买少量质量好的衣服，这类服装不仅面料好，且做工精细耐穿；三是要会计算服饰的真正价值。如果一件外套是300元，但这件外套可以与两件衬衫，两条裤子，一件上衣相配，那么这件外套就变成60元了。因为，它的使用价值是5次。在购买服装时，若能运用这一理念来购买优质衣物，你就开始在管理自己的服装了。因为，你已经让购买的服装超值使用；四是购买的任何一件衣服，都要确保衣柜里至少有两件衣服能与之相配，只有这样，才能变化出多样的服装搭配。

（二）淘宝常识要知晓

“淘宝”是现代女性购物的代名词，其含义包括在淘宝网上购物和其他网站购物。随着科学技术的发展，利用互联网检索商品信息，通过电子订购单发出购物请求，厂商通过邮购的方式发货，或是通过快递公司送货上门的网购形式，越来越成为现代女性购物的选择。那么，在网购、特别是网购服装时应注意什么问题呢？

1. 网购服装应注意“三标”

网购服装，由于服装价格便宜、款式多样、尺码齐全，已成为现代女性的一种时尚，但是网购也有弊端，一是不能试穿；二是只能按图片、描述和与卖家的沟通购买，有些看上去很好的服装，购买后会出现变形、缩水、褪色等情况，且退换十分麻烦。因此，网购服装在购买前，一定要看衣物的实拍照片，看清楚上面的“三标”。这里的“三标”是指领标、吊牌和洗标，它们是衣服的身份证，只有“三标”齐全的服装，才是可信度高的服装。

（1）领标。领标大多定在领后，有的缝在侧缝。从领标上可以看出该衣物的品牌以及尺寸。

（2）吊牌。吊牌一般说明了该衣物的名称、尺码、条码、等级、执行标准、衣服成分、洗涤方法、标价以及生产厂家的地址和电话。

（3）洗标。洗标一般缝在侧缝，说明衣服成分和洗涤方式，是日常洗涤和保养必须注意的内容。

资料卡

服装号型小知识

我国于1981年制定并颁布了第一个有关服装规格设定的“服装号型”国家标准，并于20世纪80年代中后期和90年代中后期进行过两次修订。服装号型既是批量生产服装时规格设定的依据，也是消费者选购合体服装的标识，同时还是服装质量检验的重要项目之一。

上装号型一般用“160 / 84 A”表示，这里的“160”为身高，“84”是净胸围（净胸围是由腋下围绕胸、背部最丰满处一周所得的尺寸），“A”为体型分类代号。

裤子号型一般为“100×80”，这里“100”表示裤长、“80”表示腰围。

人们的体型一般用YABC表示。Y表示宽肩细腰，扁圆形体态，其胸、腰围之差男士在22cm～17cm之间，女士在24cm～19cm之间；A表示正常体态，其胸、腰围之差男士在16cm～12cm之间，女士在18cm～14cm之间；B表示偏胖体态，其胸、腰围之差男士在11cm～7cm之间，女士在13cm～9cm之间；C表示胖体态，其胸、腰围之差男士在6cm～2cm之间，女士在8cm～4cm之间。

除此之外，人们还利用英文缩写表示服装的大小，一般“S”为小码，“M”为中码，“L”为大码，“XL”为加大码。当服装标识为“S：155/80A”时，则适用于身高范围153cm～157cm，胸围范围78cm～82cm的女性；当服装标识为“M：160/84A”时，则适用于身高范围158cm～162cm，胸围范围82cm～86cm的女性；当服装标识为“L：165/88A”时，则适用于身高范围163cm～167cm，胸围范围86cm～90cm的女性；当服装标识为“XL：170/92A”时，则适用于身高范围168cm～172cm，胸围范围90cm～94cm的女性。

2. 网购服装要积累技巧

网购服装积累技巧很重要。

购买前，要选择信誉好的网上商店，可以通过搜索引擎查找商品，购物搜索网站收录的卖家产品一般都是企业或工厂开的网上店铺，具有产品质量保证，通过搜索引擎可以比较卖家支付方式、送货方式、卖家对商家信誉服务态度评论，以保证购买前心中有数。

购买时，要做到一看、二问、三查。“看”，是看商品图片，分辨是商业照片还是实物照片；“问”，是通过询问产品相关问题，了解产品质量，和其他购买者的评价；“查”，是查店主的信用记录。

购买后，应准确填写相关资料，以免收发货出现错误。如使用银行卡付款，要注意保护账号和密码，到正规网站交易，以免受骗。遇上欺诈或其他受侵犯的事情可在网上找网络警察处理。

资料卡

网上购物小常识

网上购物卖家的好评率达到多少可信？一般认为要达到97%以上才能对其价格和质量有保障。网上购物发货速度的快慢也是影响购物的重要因素，特别是与其合作的快递公司的情况，能从侧面反映商家的层次。在考察商家的情况时，商家是否加入淘宝系统的消费者保障协议也很重要，从原则上讲，它能保障消费者的部分权益。另外，应尽量选择有特许经营证书或者授权的网店，并向卖家索取发票，在选择支付方式时，货到付款的方式是最保险的。

（三）服装管理很重要

家庭服装的管理，主要是服装的晾晒与收纳。它是现代女性必备的知识之一。

1. 服装的晾晒

服装晾晒正确与否，会直接关系到服装的使用质量与寿命，在晾晒服装时，首先要考虑的是面料。丝绸面料的服装，洗好后要反面朝外放在阴凉通风处自然晾干。因为丝绸类服装耐日光性能差，不能直接曝晒。纯棉、棉麻类面料的服装，一般可在阳光下直接摊晒，为避免褪色，最好也反面朝外。化纤类面料服装，也不宜在日光下曝晒。因为腈纶纤维曝晒后易变色泛黄；锦纶、丙纶和人造纤维在日光的曝晒下，纤维易老化；涤纶、维纶在日光作用下会加速纤维的光化裂解，影响面料寿命。所以，化纤类衣服以在阴凉处晾干为好。毛料服装，洗后也要放在阴凉通风处，使其自然晾干，并且要反面朝外。因为羊毛纤维的表面为鳞片层，其外部的天然油胺薄膜赋予了羊毛纤维以柔和的光泽。如果放在阳光下曝晒，表面的油胺薄膜会因高温产生氧化作用而变质，从而严重影响其外观和使用寿命。羊毛衫、毛衣等针织衣物，洗涤后应装入网兜，挂在通风处晾干，或者在晾干时用两个衣架悬挂，以避免因悬挂过重而变形，还可以平铺在其他物件上晾晒。总之，要避免曝晒或烘烤。

另外，白色衣服晒干后应立即收起来，因为，洗涤剂中的荧光染料吸收大量太阳光，会使衣服变黄。夏季洗涤的衣服，最好早上晾晒，因为夏天的晚上，蚊子和飞蛾易停在未干的衣物上，弄脏了衣物。冬天晾晒衣服，可以在水中加点食盐，使衣服不结冻。汗湿的衣服，应立即清洗，否则会长黑斑。厚重的衣物应选择高处晾晒，因为，越高的地方通风越佳。

2. 服装的收纳

服装的收纳是服装管理的又一个重要内容。应如何收纳衣物呢？

（1）巧用衣架。巧用衣架是指巧用尺寸和颜色统一的衣架来吊挂不同材质、不同种类的衣物，从而方便找到自己需要的衣物。在收纳衣物时，可以先将不同颜色的衣架放在一起，用一种颜色的衣架，吊挂一种材质的衣物，或一种类型的衣物，这样收纳的衣柜，不仅整齐，而且方便马上找到自己需要的衣物。

（2）做好“三同”。“三同”是指将同款、同质、同季的衣物放在一起的收纳方法。具体做法是：一是按衣物的款式分类，将同款的衣物放在一起；二是按衣服的材质分类，将同质的衣物放在一起，帮助现代女性在穿着时，能搭配出协调的质感；三是将同一季节的衣物放在一起，并按衣柜的主、副位置，将当季的衣服放在主位，其他季节的衣物放在副位，能方便随手拿出不同需求的衣物。

（3）折叠统一。折叠统一主要指折叠衣物的尺寸大小相对统一。因为，在收纳衣物时，以折叠的方式收纳衣物，在衣柜里占相当大的比例。而折叠衣物的要诀，一是将有图案的部分朝上，这样比较方便立刻分辨出衣服的款式和图案；二是折叠衣物的时候，尽可能将衣物折得同样大小，这样放在衣柜里看起来才会整齐。

（4）巧用颜色。巧用颜色即在收纳衣物时，应将颜色接近的放一起，让衣物的颜色作为分类的标准，这样的收纳，不仅可以让衣柜整齐好看，也方便搭配衣物。

（5）定期清理。衣服通常只会愈买愈多，但收纳的空间不会因此而增加，因此，衣柜应定期清理。清理衣柜有两种方法：一是将可以使用的衣物整理出来，按自己习惯的方法收纳好；二是将不适合使用的衣物清理出来，分送给亲朋好友，或捐给贫寒家庭或公益用回收箱等。

相关链接

与本章节相关的阅读书籍与网络

1. 原田玲仁著：《每天懂一点色彩心理学》，陕西师范大学出版社 2009 年版。
2. 边惠玉著：《我最想要的化妆书 1、2》，广西科学技术出版社 2011 年版。
3. 坂东真理子：《女性的品格：从着装到人生态度》，中信出版社 2010 年版。
4. 爱美网
5. 太平洋女性网
6. 瑞丽网

思考与练习

1. 请为自己的肤质做个小实验，并根据所学知识说说适合你的清洁面部方式。

2. 学校将组织二年级同学参加保育实习，请根据所学知识为她们设计合适的服装和发饰。

3. 你的好友想通过网购买一款外套，可她不会网购，请写出正确的网购流程，帮助你的好友买到满意的外套。

4. 请你为自己选择一套适合在学校的穿着和一套适合去参加毕业舞会的服装。

A. 下身着象牙白长裤，上身穿淡紫色外套，配以纯白色衬衣；

B. 象牙白长裤与淡色休闲衫配穿；

C. 白色褶折裙配淡粉红色毛衣；

D. 上身着白色休闲衫，下身穿红色窄裙；

E. 黑色晚礼服；

F. 浅黄色的纱质长裙；

G. 浅黄色蕾丝上衣与咖啡色裙子。

第三章
女性与健康

- 掌握与健康相关的饮食知识，养成良好的饮食习惯。
- 了解与女性身体相关的健康知识。
- 关注性格，平衡情绪，确立正确的幸福观。

随着生活节奏的加快，健康已成为现代人关心的焦点，越来越多的女性开始意识到美与健康的密切关系，那么，现代女性应当从哪些方面关注自己的健康呢？本章将从饮食、身体和心理三个方面，探讨与健康相关的问题，从而帮助现代女性树立正确的健康观和生活观。

世界卫生组织对于健康是这样定义的："健康乃是一种在身体上，精神上的完满状态，以及良好的适应力，而不仅仅是没有疾病和衰弱的状态。"也就是说，一个人只有躯体健康，心理健康，社会适应良好和道德健康，才是真正意义上健康的人。

的确，随着现代生活水平的提高，特别是生活节奏的加快，健康成为人们十分关注的问题。职场中的女性，既要专注于工作，又要兼顾于家庭，所承受的压力可想而知。因此，女性更应建立起对健康的正确认识，关注生活中无处不在的健康隐患，培养正确生活的价值观，形成良好的生活习惯，为自身的可持续发展奠定良好的基础。

第一节　饮食健康

情景案例

乐乐喜欢喝酸奶，每次都要喝个够，家人出于健康的考虑，总要求她定时定量。乐乐觉得家人太小气。上中学的她选择了住读学校，认为这样可以自己管理自己。安顿下来之后，她约室友一起逛超市，在购买生活用品后，直奔酸奶柜台，一口气买了12盒酸奶，回到宿舍，惬意的她开始喝起酸奶，一杯又一杯，不知不觉喝了六杯。

晚自习的时间到了，乐乐觉得自己的胃像火在烧一样，又痛又泛酸水，难受极了，同学们赶紧送她去医务室，大夫问明情况后告诉她，是因为空腹喝酸奶过多，伤了胃……回到宿舍的乐乐，因为胃疼一夜没睡踏实，现在她明白了：好东西、喜欢吃的东西也要定量，父母不是对她小气，是为了她健康。那么，现代女性应拥有哪些健康知识呢？

一、食品选购趋利避害

民以食为天，由于“吃”不仅维持生存，也影响健康，因此，中华民族几千年来都对“吃”特别重视，并形成具有中国特色的饮食文化。由于食品丰富多样，因此，选购食品存在着趋利避害的问题，即谋求安吉，避开灾难。

那么，选购食品时应如何趋利避害呢？

（一）认准安全食品

安全食品的概念有广义和狭义的解释。广义的安全食品是指长期正常使用不会对身体产生阶段性或持续性危害的食品，而狭义的安全食品则是指按照一定规程生产的符合营养、卫生等各方面标准的食品。

一般安全食品包括无公害农产品、绿色食品、有机食品等。

1. 无公害农产品

无公害农产品是指生产地的环境、生产过程和产品质量符合一定标准和规范要求，并经过认证合格，获得认证证书，允许使用无公害农产品标志的，没有经过加工或者经过初加工的食用农副产品。

根据要求，无公害农产品的生产环境选择十分重要，一般选择空气清新，水质纯净，土壤未受污染，具有良好农业生态环境的地方生产，而避免在繁华城镇、工业区和交通要道及被污染等地方生产。

2. 绿色食品

绿色食品是指无农药残留、无污染、无公害、无激素的安全、优质、营养类食品。

绿色食品比无公害农产品要求更严、食品安全程度更高，并且是按照特定的生产方式生产，经过专门的认证机构认定、许可使用绿色食品商标标志的安全食品。

那么，如何辨认“绿色食品”呢？

一般“绿色食品”都持有农业部证书、产地认定证书、产品认定证书、监测报告等。绿色食品又分为A级和AA级两大类。

A级是指生产基地的环境质量符合要求，生产过程严格按照绿色食品的生产准则、限量使用限定的化学肥料和化学农药，产品质量符合A级绿色食品的标准，即农业部颁发的A级绿色食品行业标准NY/T268-95和NY/T292-95，绿色食品标志设计标准G87718-94等。

AA级是指生产地环境与A级相同，生产过程中不使用化学合成的肥料、农药、兽药，以及政府禁止使用的激素、食品添加剂、饲料添加剂和其他有害环境和人体健康的物质，产品符合AA级绿色食品标准。

3. 有机食品

有机食品是安全食品中最高档、最安全、价格最高的安全食品。

有机食品是根据有机农业原则和有机产品的生产、加工标准生产出来的，经过有机农产品颁证机构颁发证书的一切农产品。

由于有机农业是一种完全不用人工合成的肥料、农药、生长调节剂和饲料添加剂的生产体系，因此，有机食品一般需要2年～3年的转换期，在数量上也有严格控制，要求定地块、定产量进行生产。目前，有机食品主要包括粮食、蔬菜、水果、奶制品、禽畜产品、蜂蜜、水产品、调料等。这类食品在生产过程中，原料必须来自已建立的有机农业生产体系，或采用有机方式采集的野生天然产品。产品在整个生产过程中严格遵循有机食品的加工、包装、储藏、运输标准。生产者在有机食品生产和流通过程中，有完善的质量控制和跟踪审查体系，有完整的生产和销售纪录档案，拥有有机食品认证机构认证书。因此，有机食品是一类真正源于自然、富营养、高品质的环保型安全食品。

4. 食品质量安全标志

食品质量安全标志是由“质量安全”的英文单词（Quality Safety）QS的字头缩写组成的，主色调为蓝色字母“Q”与“质量安全”四个中文字样，字母“S”为白色，是工业产品生产许可证标志的组成部分，也是取得工业产品生产许可证的企业在其生产的产品外观上标示的一种质量标志，加贴（印）有“QS”标志的食品，即意味着该食品符合质量安全的基本要求。

当你选择了安全食品就一定健康了吗？并非如此，同样食物的不同吃法，也会有不同的效果，这就需要我们远离垃圾食品。

（二）远离不健康食品

垃圾食品是指仅仅提供一些热量，别无其他营养素的食物，或是提供超过人体需要，变成多余成分的食品。

1. 快餐食品

快餐是指预先做好能迅速提供顾客食用的饭食，如汉堡包、盒饭等。快餐食品的特点是高油脂、高盐分、高糖分、大量调味料、低纤维、含有较多的人工添加剂、热量供应过量等。因此，选食快餐食品，一是要均衡，即进食时要考虑其中的肉类、淀粉类、蔬菜水果类及乳类制品均衡搭配；二是不要选多油和太甜的食物；三是不要选口味过重的食物；四是吃快餐要适可而止，一天最好只吃一餐；五是要加吃水果或饮用一些果汁。

2. 方便食品

方便食品是指以米、面、杂粮等粮食为主要原料加工制成，只需简单烹制即可作为主食，且携带方便、易于储藏、食用简便的食品。方便食品大致可分为四种：即食食品、速冻食品、干或粉状方便食品、罐头食品等。

方便食品在给我们的生活带来方便的同时，也存在一些不健康因素，如油脂过多，易加速人的老化或引起动脉硬化；食盐超标，易患高血压，且损害肾脏；磷酸盐，会使体内的钙无法充分吸收、利用，引起骨折、牙齿脱落和骨骼变形；防氧化剂和其他化学品，因长期贮存，受环境影响，易变质等。因此，食用方便食品也要讲究健康。

3. 烧烤食品

烧烤是在火上将食物烹调至可食用的一种方法，由于制作方法独特，吃法简单，已成为现代人的一种时尚聚餐方式。但用不恰当的烧烤方式制作出的食品，也会影响我们的健康。

一是烤得太焦。烧焦的物质很容易致癌。当肉类油脂滴到炭火上时，产生的多环芳烃会随烟挥发附着在食物上，这也是很强的致癌物。二是烤肉酱放得太多。由于烤肉在烤制前会用酱油佐料等腌制，而烤时又加入许多烤肉酱，这样会导致吃下过多的盐分。三是生、熟食器具不分。烤肉时生、熟食所用的碗盘、筷子等器具没有分开，易导致交互感染而吃坏肚子。

因此烧烤时，应选择瘦肉和脂肪酸含量高的鱼类，并搭配一些蔬菜，如茭白、青椒等食物，以降低胆固醇等。

4. 油炸食品

油炸食品是我国传统的食品之一，其主要特点是将食物放在油锅中，通过油温炸熟的烹饪方法。如炸麻花、炸春卷、炸丸子、油条、油饼、面窝，以及近年来儿童喜欢食用的洋快餐中的炸薯条、炸面包以及零食里的炸薯片等。油炸食品因其酥脆可口、香气扑鼻，能增进食欲，深受人们的喜爱。

然而，如果经常食用油炸食品对身体健康极为不利。一是油炸食品不容易消化，多吃容易得胃病。因为，油脂在高温下会产生一种叫“丙烯酸”的物质，这种物质很难消化。二是食物油炸之前外表常常要裹上一层面粉浆，在高温下，面粉中的维生素 B1 全被破坏掉了，如果长期吃油炸食品易得维生素 B1 缺乏症。三是油在高温下反复使用会产生一种致癌物质。四是经常吃油炸食品，脂肪提供的热能会明显超标，容易使人发胖。

（三）关注食品的使用期

食品的使用期也就是我们常说的食品的保质期和有效期。保质期，又称最佳食用期，国外称之为货架期，指食品在标签指明的贮存条件下，保持品质的期限。有效期，也叫保存期，即产品可食用的最终日期。一般来讲，超过这个日期，食品可能会发生品质变化，不再具有消费者所期望的品质特性，就不能食用了，如果食用就可能有食物中毒的危险。

保质期和有效期的区别在于：食品的保质期指的是食品的最佳食用期，在此期限内，食品的所有标志（感官要求、理化指标、卫生指标）都符合标签上或产品标准的规定。食品的有效期，是指在标签规定的条件下，食品的最终食用期，超过此期后，食品的感官特性、理化指标、卫生指标都可能不符合产品标准要求，甚至发霉、变质不能食用。

依据产品质量法，食品生产厂家，在食品包装上，应同时标注保质期和有效期。我们在购买食品时，应关注食品的使用期，即保质期和有效期。

资料卡

常见食品的保质期

乳品：新鲜乳品冷藏保质期通常是 7 天，如果暴露在常温下，几小时就会腐败变质。

奶粉类食品：马口铁罐装密封充氮包装为 24 个月，非充氮包装为 12 个月，玻璃瓶装为 9 个月，塑料袋装为 6 个月。

面包糕点：一般冬天 7 天，春季 3 天～5 天，夏季 1 天～2 天。因为含有水分，如果保存不当，面包糕点隔天或许就会发霉，一旦发霉，必须丢弃。

蛋类：没有固定的保质期，3 周～5 周内一般都是没有问题的，但蛋类每过一个星期，质量就会下降一个等级，必须尽快使用。

肉食：2 天～1 周。鱼、牛肉、猪肉和禽肉等新鲜肉食冷藏时间不要超过两天。肉末买回家后，应尽快做成食品。熟肉冷藏时间稍长些，但是最好一周内吃完。熟猪排应该在三天内吃完，非冷冻的火腿、熏肉或腊肉的保质期最多 1 周。

食用油：通常的保质日期是 18 个月，这是以包装未开封为前提的。开封后食用油的保质期会相应缩短，最好 3 个月内食用完。

米面：米面的保质期常温下是 6 个月～12 个月不等。如果在北方，只要不放在高温潮湿的地方，储藏条件正常，可以延长到 24 个月。但米面一旦发霉，绝不可食用。

调味品：3 个月～1 年。番茄酱保质期为 8 个月～12 个月；蛋黄酱可保存 6 个月；调味品可在冰箱中保质 1 年；芥末在冰箱中可保质 8 个月。沙拉酱可贮存 9 个月；酱油开启后最好 3 个月用完；黄油可冷藏 1 年不变质；果酱保质期一般为 1 年。

罐头食品：1 年～2 年。如果在阴凉干燥处保存，罐头食品保质期一般为 1 年，有些时间更长些。罐装食品打开后，如果发出酸味，应立即扔掉。如果罐子鼓起，就表示已经变质。

冷冻食品：1 个月～1 年。冷冻食品并非无限期保质。冰激凌和雪糕保质期为 1 个月。全鸡冷冻，保质期可达 1 年。冷冻蔬菜和冷冻面包保质期为 3 个月。

茶叶：通常密封包装的茶叶保质期是 12 个月至 24 个月不等，散装茶叶保质期要短些。

（四）了解食品的营养价值

食品的营养价值是指食物中营养素及能量满足人体需要的程度。各种不同的食品，由于所含成分不同，其营养价值也不相同。作为现代女性，不仅应了解食品本身的特点与功能，还应了解对我们身心有帮助的食品。

1. 鱼类

鱼类中蛋白质含量的15%～20%属于优质蛋白，由于鱼肉肌纤维较短，蛋白质组织结构松软，水分含量多，肉质鲜嫩，因此容易消化吸收，其消化率达87%～98%。鱼类含有一种牛磺酸，能降低血中低密度脂蛋白胆固醇和升高高密度脂蛋白胆固醇，有防治动脉硬化的作用。牛磺酸还能促进大脑的发育，提高眼的适应能力，因此，鱼类也是很好的健脑食品。

2. 水果

水果是对部分可以食用的植物果实和种子的统称，指多汁且有甜味的植物果实。

水果对女性健康的作用主要表现为：一是可以降压，如山楂、西瓜、梨和菠萝等；二是含有丰富的叶酸，而叶酸对细胞繁殖与修复很重要，能预防贫血，如苹果、香蕉、芒果、木瓜、猕猴桃等；三是能减缓衰老，如猕猴桃含有丰富的维生素C、A、E，叶酸和微量元素钾、镁及食物纤维等营养成分，能为工作节奏快、精神紧张的现代女性注入活力，其所含的氨基酸，能帮助人体制造激素，减缓衰老；四是有一定的减肥瘦身功效，如苹果、西柚、火龙果、榴莲等富含的食物纤维，能给肠腔提供营养，在促进身体新陈代谢的同时，帮助抑制食欲；五是保养皮肤，如香蕉、芒果、草莓、橙子等水果，含有丰富的抗氧化物质维生素E和微量元素，可以滋养皮肤；六是降低乳腺癌的发病率，如香蕉、猕猴桃、葡萄、橙子等，含有人体所必需的微量元素，能起到抗癌的作用。

3. 绿叶菜

绿叶菜是以鲜嫩的绿叶、叶柄和嫩茎为产品的速生蔬菜。由于生长期短，采收灵活，栽培十分广泛。绿叶菜中尤以深色绿叶菜如菠菜、小白菜、油麦菜的营养价值最高，这类绿叶菜，富含维生素B6或B12，可以防止有害的类半胱氨酸氧化，起到预防心脏病和健脑的作用。

4. 豆类及其制品

豆类泛指所有产生豆荚的豆科植物，如大豆、蚕豆、绿豆、豌豆、赤豆等。豆制品则是以大豆、小豆、绿豆、豌豆、蚕豆等豆类为主要原料，经加工而成的食品。

豆类和豆制品的营养价值非常高，民间谚语说“五谷宜为养，失豆则不良”，意思是说五谷是有营养的，但没有豆子就会失去平衡。确实，现代营养学也证明，每天坚持食用豆类和豆类食品，两周后，人体可减少脂肪含量，增加免疫力，降低患病的几率。因为，豆类蛋白质含量高、质量好，其氨基酸的组成接近人体的需要，特别是大豆异黄酮，主要存在于豆科植物中，能够弥补 30 岁以后女性雌性激素分泌不足的缺陷，改善皮肤水分及弹性状况，缓解更年期综合征和改善骨质疏松，使女性再现青春魅力。因此，豆类和豆类制品是现代女性重要的营养食品。

5. 蛋类

常见的蛋类有鸡蛋、鸭蛋、鹅蛋和鹌鹑蛋等。其中食用最普遍的是鸡蛋。

鸡蛋中所含的蛋白质是天然食物中最优良的蛋白质之一，全蛋蛋白质几乎能被人体完全吸收和利用。同时，鸡蛋还富含人体所需要的氨基酸、卵磷脂和丰富的钙、磷、铁以及维生素 A、B、D 等，是现代女性应经常食用的食品。

6. 干果

干果通常指有硬壳而水分少的果实和晒干后的水果。干果含有丰富的营养，现代女性应经常食用的食品：一是花生。花生含有大量的碳水化合物，多种维生素以及卵磷脂和钙、铁等 20 多种微量元素，对提高记忆力有一定功效。二是核桃。核桃由于具有润肺、补肾、壮阳、健肾等功能，是理想的滋补食品和良药，能使皮肤细腻光滑，有效补充大脑营养、增强体力，提高细胞的生长速度，减少皮肤病、动脉硬化、高血压、心脏病等。三是栗子。栗子为补肾强骨之果。它的胡萝卜素含量是花生的 4 倍、维生素 C 含量是花生的 18 倍，有很好的预防癌症、降低胆固醇和防止血栓、病毒、细菌侵袭的作用。四是葵瓜子。葵瓜子能补脾益肠、止痢消痈，适量使用还能滋养秀发、祛斑，使皮肤充满弹性。五是红枣。红枣是我国最传统的补品，具有健脾、益气、和中功效，对脾虚、久泻、体弱的女性，以及肝炎、贫血、血小板减少的女性，都有药用价值。由于红枣含有蛋白质、脂肪、粗纤维、糖类、有机酸、粘液质和钙、磷、铁元素等，因此，每天食用 2 枚～3 枚，能起到养血安神、健脾和胃、防病抗衰与养颜益寿的作用。

二、食品搭配平衡合理

食品搭配平衡合理的问题，也就是均衡膳食的问题。它要求膳食必须符合个体生长发育和生理状况等特点，不仅含有人体所需要的各种营养成分，而且其含量适当，能全面满足身体需要，维持正常生理功能，促进生长发育和健康。

（一）早、午、晚餐的搭配

1. 早餐

“一日之计在于晨”，早餐是一天中最重要的一餐。由于人们的机体经过一夜睡眠，贮存的营养和能量已消耗殆尽，使人体进入低谷状态，一顿营养的早餐，犹如雪中送炭，不仅能使激素分泌进入正常状态，还能给脑细胞补充能量，给亏缺待摄的身体补以必需的营养，为我们带来精力、活力和健康。

据研究发现：早餐摄食的能量占人体一天所需能量的30%，如果早餐营养摄入不足，则难以在午餐和晚餐中补回。因此，均衡的饮食，健康的生活，应该从每天的早餐开始。那么，早餐应该怎么吃?

基本的营养早餐应包括四大要素，即谷类能量，蛋白营养，碱性豆奶，果蔬精华。谷类能量包括大米、面粉、玉米、小米、荞麦和高粱等，也就是说，早餐中要有主食。蛋白营养也就是蛋白质，它要求早餐应保证蛋、奶食品。一般每天应喝250ml左右的牛奶或酸奶，并保证一个鸡蛋的摄取量。由于豆奶的主要营养成分是植物蛋白，且豆奶能提供人体无法自己合成的九种氨基酸，因此，豆奶也是早餐的营养要素之一。进早餐时，适当增加水果成分，不仅能全面地摄入营养，还能帮助女性促进身体排毒。

对于时间紧张的现代女性，应如何准备早餐?你可以用牛奶加速溶燕麦片，或是五谷粉冲调，伴以杂粮面食、鸡蛋或一小把坚果，并搭配一个水果。

2. 午餐

午餐又被我们称为午饭、中餐、中饭等，是指大约在中午或者之后一段时间所用的一餐。午餐是一天中食物和能量的主要补充时间，其能量应占一天的30%～40%左右。因此有“早餐吃得好，中餐吃得饱，晚餐吃得少”的说法。

健康的午餐应以五谷为主，配合大量蔬菜、瓜类及水果，以及适量肉类、蛋类、鱼类食物，营养午餐还应讲究一定的比例，即六分之一的肉或鱼或蛋类，六分之二的蔬菜，六分之三的主食。

由此看来，午餐应有足够的碳水化合物，如米饭、面条等，若选用米饭，量宜在75克至150克左右，除了谷类，午餐若有粗粮则更好，因为玉米、红薯等粗粮，可以使体内血糖更稳定，使大脑中的糖来源更持久。午餐应有高质量的蛋白质，如肉、鱼、豆制品等，这些蛋白质不仅可以提高机体的免疫力，还能稳定餐后血糖，为人体提供能源，那么，蛋白质吃多少为宜?以肉类为例，午餐时纯肉类在75克左右较适宜。午餐时还应有维生素和纤维素，维生素和纤维素的主要来源是蔬菜和水果。人体一天所需要的蔬菜量为300克～500克，水果为200克～400克，午餐时食用一半即可。

3. 晚餐

晚餐，顾名思义就是在一日三餐中，晚上吃的那一顿饭。由于晚上人体代谢降低，消耗减少，胃肠将进入休息调整阶段，因此，晚餐的能量虽然仍占一天的30％～40％左右，但晚餐应以清淡为主。

晚餐的清淡包括：晚餐不过饱，因为“胃不和，卧不宁”，晚餐如果过饱，则会增加胃肠负担，其紧张工作的信息将不断传向大脑，使人失眠、多梦、睡不踏实。晚餐不宜过荤，因医学研究发现，晚餐常吃荤食的人比常吃素食的人，血脂高许多，更易患高血脂、高血压病，且易诱发动脉硬化和冠心病。晚餐不宜过甜，因为糖经消化可分解为果糖与葡萄糖，被人体吸收后分别转变成能量与脂肪，由于晚餐后人的运动量减少，如果晚餐摄入过多甜食，会使体内脂肪堆积，使人发胖。晚餐不宜过晚，因为晚餐吃得太晚，易患尿道结石。据测定，人体排尿高峰一般在进食后四至五小时，如晚餐过晚，会使排尿高峰推迟至午夜，而此时人睡得正香，往往不会起床小便，这就使高浓度的钙盐与尿液在尿道中滞留，当草酸钙浓度较高时，在正常体温下可析出结晶并沉淀、积聚，形成结石。

（二）四季食物的搭配

一年分为春、夏、秋、冬四季。一般特点是春温、夏热、秋凉、冬寒。因此，应根据气温和人体的变化，合理调配膳食，做到四季膳食平衡。

1. 春季

一年之计在于春，春季既是气候由寒到暖的转换时期，也是细菌、病毒等微生物开始繁殖，活力增强，容易侵犯人体而致病的时期。此时，我们如何通过食物的正确摄入，达到保持身体健康、预防疾病的目的呢？

中医认为，春季是人体五脏之一的肝脏当令之时，宜适当食用辛温升散的食品，少食生冷食物，以免伤害脾胃，所以初春应适当多吃甜味食物，少吃酸味食物。

“春困”也易使人身体疲乏，精神不振，这时多吃红黄色和深绿色的蔬菜，如胡萝卜、南瓜、番茄、青椒、芹菜等，对恢复精力，消除春困有一定的好处。

随着春季气温逐渐升高，细菌、病毒等微生物繁殖加快，人体容易染病，此时在饮食上，应摄取足够的维生素和矿物质，如西兰花等新鲜蔬菜和柑橘、柠檬等富含维生素C的水果，从而保护和增强机体抵抗各种致病因素侵袭的能力。

2. 夏季

夏季是一年中天气最为炎热的时期，由于环境温度过高，空气湿度过大，人体内的热量不宜散发，易导致体温调节中枢失控而发生疾病。因此，夏季除了注意防暑降温之外，尤其应注意饮食保健。

（1）适当食用苦味食物。由于苦味食品中含有的生物碱具有消暑清热、促进血液循环、舒张血管等药理作用。热天适当食用苦味食品，如苦瓜、苦菜、茶叶、咖啡等，不仅能清心除烦、醒脑提神，且可增进食欲、健脾利胃。

（2）适当喝点冷饮。夏天当气温过高时，人体会产生精神不振、食欲减退等情况。这时，适当吃些冷饮，不仅能消暑解渴，还可帮助消化，使人体的营养保持平衡。但食用冷饮不能过量，也不能贪凉，否则会损伤脾胃或导致胃肠功能紊乱，出现腹痛、腹泻等病症。

（3）注意补充盐分和维生素。盛夏，由于人体大量排汗，盐分损失较多，应在补水的同时补充盐分。高温季节还应适当补充维生素 B1、维生素 B2 和钙，以减少体内糖类和组织蛋白的消耗，有益于人体健康。因此，夏日应多吃西瓜、黄瓜、番茄、豆类及其制品、动物肝脏、虾皮等，亦可饮用果汁。

3. 秋季

秋季天高气爽，气候由热转凉，人体消化能力逐渐增强，食欲增加，宜食生津食品，膳食应有足够的热能。秋季各种动物肉肥味美，蔬菜瓜果品种齐全，在膳食调配上，只要注意种类的多样化，搭配得合理适当就可以了。在调味品上，可适当选用些辛辣品，如辣椒、胡椒等。由于秋季天气由热转凉，在饮食上应注意不要多食生冷的食物，并加强饮食卫生，预防肠道传染病。

4. 冬季

冬季气候寒冷，膳食应有充足的热能，以抵御严寒。冬季是进补的佳季，可多吃些热性食物，如牛肉、羊肉、红枣、桂圆、板栗等；还可增加些厚味食品，如炖肉、火锅、油炸食品等，但不可过量，否则，会使血脂升高、血液偏酸性，对身体不利。此外，冬季蔬菜品种较少，应特别注意多吃些绿叶菜、豆芽菜、萝卜等，以补充维生素的不足。调味品可多选些辛辣食物，如辣椒、胡椒、葱、姜、蒜等。

三、食品制作简单安全

制作食品是现代女性的必备能力之一。因为工作之余，为自己做上一份可口的饭菜，犒劳辛苦的身体，体会生活的乐趣，提升生活的品质，正是现代女性所追求的。

（一）简单材料多样化

1. 水果

水果是人们常见的食品，一般可以即食，我们能否用水果做成美味佳肴，让自己换个心情呢?

(1) 制作水果沙拉。将选择好的水果如苹果、梨、橘子和香蕉去皮去籽，切成一寸长三分宽的薄片或方丁，放入盛器内拌匀，将沙拉酱浇在切好的水果上即成。

在制作水果沙拉时，水果应选择水分较少甜味较重的鲜水果，不要选用罐头水果。做好的水果沙拉应一次吃完。没有用完的沙拉酱应冷藏。

(2) 制作水果羹。水果羹是将水果入菜热吃的一种方法。其做法是：将水果切成小块，在锅中加入清水，待水烧开后放入冰糖、淀粉或者菱角粉，最后放入水果丁，搅拌调匀即可。

(3) 拔丝水果。拔丝水果是将水果入菜的又一种做法。其做法是：把水果切块，滚上一层面粉，放入用鸡蛋清加淀粉调成的稠糊中，拌匀上浆，然后将油倒入锅中，油温不宜很高，烧至四五成热时，把拌好糊的水果逐个放入油锅，炸成金黄色时捞出。锅内留一些油，并放入白糖（白糖与油的用量比例为 50 克白糖用 15 克油），用勺慢慢搅动使糖溶化至糖浆呈浅黄色，此时糖能抽出糖丝，立即把炸好的水果放入糖浆中，离火，快速翻动，使糖浆均匀地裹在水果上，便可装盘。

2. 鸡蛋

鸡蛋是人类最好的营养来源之一，鸡蛋中含有大量的维生素、矿物质和优质蛋白，据说一个鸡蛋所含的热量，相当于半个苹果或半杯牛奶的热量，同时它还拥有 8%的磷、4%的锌、4%的铁、10%的蛋白质、6%的维生素 D、3%的维生素 E、6%的维生素 A、2%的维生素 B1、15%的维生素 B2、4%的维生素 B6、6%的维生素 B9、8%的维生素 B12。这些营养都是人体必不可少的，对修复人体组织、参与复杂的新陈代谢过程有十分重要的作用。

那么，鸡蛋应该怎么吃？我们不妨多用几种烹饪方法来吃鸡蛋。

(1) 蛋羹。蒸蛋看似简单，要做好却不容易。首先，将鸡蛋壳磕破，将蛋液放入碗中搅拌均匀，使蛋清和蛋黄充分混合；其次，在搅拌均匀的鸡蛋液中缓慢加入凉水，边加水边搅拌，直到水加到蛋液的一倍时停止；然后，在鸡蛋中加入盐、葱花、香油，或自己喜欢的食物，如肉末、枸杞、紫菜等。最后，将其放在蒸锅上，大火蒸 10 分钟左右即可出锅。

(2) 蛋糕。蛋糕是现代女性的常备食品，对喜爱蛋糕的女性来说，不仅可以买，还可以自己动手做。首先，将鸡蛋的蛋白和蛋黄分开装在两个容器内，鸡蛋可以根据想做蛋糕的大小来增减；其次，在蛋白中加少量的盐和一大勺糖，用三支筷子或者打蛋器顺时针方向搅拌成白沫状；蛋黄里加入三大勺面粉，六大勺牛奶和两大勺糖，搅拌均匀；再次，将蛋黄分两次倒入蛋白内搅拌，这时一定要上下搅拌；最后，在电饭锅内加入少量油，让锅预热，倒入食材，按下煮饭键，等到电饭锅变成保温状态后，用毛巾围住锅盖透气的地方，等待20分钟，再次按下煮饭键，20分钟后即可。

（3）炒蛋。炒蛋是最常见的家常菜之一。其做法是：将鸡蛋壳磕破，将蛋液放入碗中搅拌均匀，使蛋清和蛋黄充分混合，加入适量盐和葱花，锅中加油，烧至油六七成热时加入调好的蛋液，边煎边打成块，煎熟即可。

（二）复杂材料简单做

这里所说的复杂材料主要是指肉类食材，因为，这部分食材，相对较难把握，那么，应如何简单有效地处理这些复杂的材料呢？

1. 肉类

（1）炖汤。炖肉汤时，首先要选好炖汤的材料，一般炖汤常用的材料是猪脊骨、排骨或猪腿骨，当材料备齐后，要将买来的骨头剁成小块，用冷水清洗，放在沸水中煮两分钟，这个过程叫焯水，其作用是去掉血水，然后将猪骨肉捞出，再将焯过水的猪骨肉放入砂锅，加入冷水，放入姜块、葱和少许花椒，盖上盖子中火烧开，小火炖煮，在水开以后可放入自己喜欢的配菜，如莲藕、海带、玉米等，汤快煮好时再加适当的盐。

（2）炒食。炒肉时，先要将肉切成肉丝或肉片，加入适量生粉，少量食用油和酱油，拌均匀，锅里放适量的油，油烧热，倒入处理好的肉，再加入自己喜欢的配菜，如青红椒丝、榨菜冬笋丝、西红柿、金针菇等，即可。

2. 鱼类

（1）煎鱼。煎鱼的技巧是鱼鲜、锅热、油少、火温、少翻动。首先将买来的鱼清洗干净，在鱼的两面薄薄撒上一层盐和胡椒粉，腌一会儿，沥干水分。锅加热，放一点油，再放入生姜片，转小火，把鱼放进锅内，等底面煎成漂亮的金黄色后，用铲子翻过来，另一面也煎黄，加入适量的调味料，如糖、醋、酱油等，喜欢柠檬的女性也可以挤点柠檬汁。

（2）蒸鱼。蒸鱼的技巧是掌握火候。选择500克左右的鱼，清洗干净，在鱼体两侧均匀涂抹少许盐、白酒腌制一会儿，取大块姜和大葱中段，切成细长丝，铺在鱼盘上，将鱼入盘后再在鱼上撒些葱姜丝，蒸锅水烧开后，将鱼入锅，蒸6分钟～7分钟关火。关火后，不要打开锅盖，利用锅内余温“虚蒸”5分钟～8分钟后再出锅。此时，将预先备好的调料如酱油、醋、清油或专门的蒸鱼调料淋遍鱼身。

第二节　身体健康

情景案例

毕业前的冉冉因排练毕业汇演的节目，近一个月都没有好好休息。演出的前一天，班主任给了半天活动时间，想让大家放松一下，冉冉跟几个好朋友决定吃点好吃的慰劳一下自己，她们听说冰淇淋店在做优惠活动，于是各自点了自己喜欢的冰淇淋边吃边聊。

晚上，洗完澡的冉冉正准备入睡，突然一阵肚子痛，原来是来月经了，她十分烦躁，“明天就是毕业汇演了，怎么偏偏今天晚上来‘例假’啊，真倒霉！”可这次月经让冉冉感到不同以往，肚子疼得厉害，虽然她又捂热水袋，又喝红糖水，可依然不管用，一夜未眠的她，挣扎着下了床，却几乎晕倒。同学们赶紧送她去医院，大夫给她开了药，还告诉她“这次痛经，是因为长期精神紧张突然松弛之后，又吃了冷饮，给身体造成了负担，以后月经来潮前后要多呵护自己的身体，身体才不会犯病”。

听了医生的话，冉冉后悔不已，这次冷饮，不仅给自己的身体造成了伤害，还耽误了排练好的毕业表演。看来，生活中不注意的小问题，有时会演变成大问题。那么，现代女性应如何把握生活中的“小问题”呢？

一、女性的经期护理

月经，是具有生育能力的女性在生理上的一种特殊的循环周期。由于来月经时，子宫内膜会发生崩溃脱落并伴随出血的现象，因此，女性在月经期，应注意保养，避免对身体造成损害。

（一）经期女性吃什么

女性在月经期间要重视饮食安排，除了一些饮食禁忌，还要注意补充营养。

1. 宜吃补铁温热易消化的食物

铁是人体必需的微量元素。铁不仅参与血红蛋白及许多重要的酶的合成，而且对免疫、智力、衰老及能量代谢等有重要作用。月经期由于铁缺失较多，进补含铁丰富的食物非常重要。如鱼、瘦肉、动物肝、动物血等。除此之外，还可食用大豆、菠菜等富含植物铁的食物，以满足经期对铁的特殊需要。

另外，经期食用温热的食物，如大枣、高粱米、薏米、羊肉、苹果等，不仅可以减缓腹痛，还能增加身体的能量。对于经期消化功能不好的女性，还应选取有营养易消化的食物，作为经期的主要食物。

2. 忌吃生冷刺激性强的食物

血，得热则行，得寒则滞。月经期食生冷和刺激性食物，一则有碍消化，二则易伤人体阳气，导致内寒产生，寒性凝滞，可使经血运行不畅，造成经血过少，甚至痛经。即使在酷暑盛夏的季节，经期也不宜吃冷饮。

（二）经期女性喝什么

1. 宜喝营养汤

月经期间要想快速补血，汤饮是最好的选择。如龙眼黑豆大枣饮，这是将准备好的黑豆用水煮熟后留取豆汁，然后放入枣、龙眼肉微煮而成的黑红色饮品，由于龙眼黑豆大枣都具有很好的补血功效，因此，经期饮用十分适合。还有鸡汤、肉汤等都有同样的功效。

2. 不宜喝的饮料

（1）酒。经期女性受体内荷尔蒙分泌的影响，此时体内的解酒酶减少，因此饮酒易醉。更严重的是，为了制造出分解酶来帮助分解酒精，肝脏负担明显加重，因此在这期间饮酒，会对肝脏造成严重的损害。

（2）乳酪类饮品。乳酪类饮品如奶油、酵母乳等，会减弱身体对镁的吸收，若体内镁元素缺乏，则容易出现情绪不安、易激动、手足搐搦等。据医学家对痛经患者的调查发现，45%的患者体内的镁元素都在平均值以下，美国的研究也表明，多数偏头痛患者的脑组织中的镁元素水平低于正常水平。

（3）汽水类饮品。不少喜欢喝汽水类饮品的女性，会发现自己在月经期，常疲乏无力精神不振，其实，这是铁质缺乏的表现。因为汽水饮料大多含有磷酸盐，使铁质难以吸收。

（三）经期女性用什么

1. 宜用温水冲洗

经期女性，因子宫内膜有创面，防止细菌上行性感染很重要。这个时候清洁的最好方式是淋浴。有些女性，害怕经期有异味，喜欢用沐浴露清洁阴部，或用热水反复清洗，这种做法不好。因为，女性阴道内的弱酸性环境，能抑制细菌生长，但行经期间阴道会偏碱性，对细菌的抵抗力降低，如果使用沐浴露或热水反复清洗，会导致碱性增加，适得其反。因此，经期正确的清洁方法是用温水冲洗。

2. 宜用清洁的卫生巾

卫生巾是女性经期的必备用品，清洁的卫生巾应具备：材料优质、表层柔软、吸收好、祛异味、干爽透气、生产日期近等特点。在选择合适的卫生巾时，一是要看包装，一般内外包装应是密封的，才能预防细菌侵入及二次污染。二是要看各层的功能。一般选择表层棉质，具有柔软、舒适、吸收快的特点；中层以透气、内含高效锁水因子材料的为好；底层以透气材料的为好。

使用卫生巾，应 3 个小时至 4 个小时更换一次，因为，血液是细菌生长繁殖的培养剂，如不及时更换，易使细菌生长繁殖，引起炎症。

二、女性的特殊养护

（一）女性需要保暖

保暖是现代女性的特殊养护方法之一。

我们知道，人体的体温总是围绕着 36.5 摄氏度波动。体温过高，会引起不适；体温过低同样不容小觑，这是体寒症的一种表现，其危害往往更加隐匿。对女性来说，体寒症会导致月经不调，诱发痛经、经量少、颜色黑、有血块等症状；体寒会导致妇科疾病，引起女性内分泌紊乱，导致卵巢和子宫的功能下降，即中医所说的“宫寒”；体寒还会导致气血凝滞，使得女性脸部肌肤暗沉，影响美丽。由此看来，“冷美人”会付出更多的健康代价。

现代女性的保暖，首先是着装要保暖。其次，应补充铁质和温性食物，如动物肝脏、瘦肉、菠菜、蛋黄和生姜、红枣等。三是多做运动。由于人体内的热量多由肌肉产生，特别是通过下半身肌肉的运动，能有效促进全身的血液循环，如跑步、跳绳、快步走等。四是热水泡脚，用热水泡脚，既能使身体暖和，又能舒缓疲劳神经。五是经常揉搓手掌脚心，改善末端血管的微循环状况。六是保证 7 小时睡眠，因为充足的睡眠有利于储藏阳气。

（二）女性需要激素

女性激素，也就是我们通常所说的雌激素，它是由卵巢、胎盘和肾上腺皮质产生的。当女性进入青春期后，卵巢开始分泌雌激素，以促进阴道、子宫、输卵管和卵巢本身的发育，同时子宫内膜增生而产生月经。雌激素不仅能促进女性的成熟，还能促使女性皮下脂肪富集，体态丰满，以及骨中钙的沉积等。

当女性进入成熟期后，每一次排卵的过程就是一次激素的代谢过程，由于健康的成年女性，自身都有分泌雌激素的功能，并保持着微妙的平衡，因此，我们并不需要外来的雌激素，因为尽管雌激素有一定益处，但过多也会带来疾病的危险。

保护身体激素的最好方法是营养均衡、睡眠充足、心情愉快。

1. 从食物中获取天然激素

从食物中能得到既天然又安全的植物雌激素。这里的植物雌激素主要有两种：异黄酮和木质素。异黄酮主要存在于豆类、水果和蔬菜中，尤其是大豆富含该物质。而木质素主要存在于扁豆、小麦和黑米以及茴香、葵花籽、洋葱等食物中。

长期适量服用红糖，对雌激素水平的稳定有一定作用，我们可以尝试着吃红糖小米粥的方式补充。芝麻的B族维生素含量十分丰富，可促进新陈代谢，有利于雌性激素和孕激素的合成。木瓜和红枣一起食用，是调节内分泌、补血养颜的绝好食品，对女性激素的平衡也有一定的作用。

2. 在好的习惯中保持激素

好的生活习惯包括睡眠充足、心情舒畅、不抽烟喝酒等。

好的生活习惯能够帮助我们身体里的芳香化酶的生成，而芳香化酶又能促成雌激素的生成。可见，好的生活习惯对女性的身体健康多么重要。有些现代女性为追求时尚而吸烟，其实，吸烟的最大问题是抑制芳香化酶的生成，从而使女性失去雌激素，引起各种疾病。那么，喝茶对女性激素有帮助吗？答案是肯定的。绿茶、乌龙茶和红茶，坚持饮用，可以滋补卵巢，保护雌激素。

第三节　心理健康

情景案例

晶莹是个娇娇女，被家长捧在掌心里长大，养成了任性、固执的性格，家人对她的要求百依百顺。

当晶莹前往住宿学校读书时，全家人将她送到学校，在学校，爸爸负责报到，妈妈负责铺床，爷爷负责查看教室，奶奶则陪在她身边给她打着扇子……

这天晚上，下了晚自习的晶莹回到寝室，她既不想打水，也不想洗衣，于是就指挥其他同学帮忙，室友婉言拒绝了她的要求，感到挫败的晶莹非常生气，她跳下床，一脚踢倒了室友的开水瓶，水瓶里装满了开水，倒在地上瞬间就炸开了，热水烫伤了晶莹，她又气又恼地大哭起来。

事情最终在班主任的教育指导下解决了，但晶莹却因不适应住读选择了走读，同时也因任性好强自私，伤害了与同学间的感情，使自己失去了朋友。

其实，晶莹的问题不仅仅是生活能力差的问题，更多的是心理能力的问题。那么，现代女性应如何培养自己健康的心理呢？

一、了解自己的性格

性格是在后天社会环境中逐渐形成的，是人的核心的人格差异。性格不仅有好坏之分，还能最直接地反映出一个人的道德风貌。一个人的性格会影响他看人看世界的态度，形成不同的世界观、价值观、人生观。一个人的性格特征将决定其交际关系、婚姻选择、生活状态、职业选择以及创业成败等，从而根本性地决定其一生的命运。

在今天这个高度发达的信息时代，同样的机遇同时摆在人们面前，人与人的性格不同，对待机遇的态度就不同，于是有的人能成功，有的人只能与成功擦肩而过。

只有充分认识到自己性格的优缺点，才能够更好的展现魅力，抓住机遇，改变人生。

（一）关于性格

《三字经》说："人之初，性本善。"这个"性"指的就是性格吗？其实不然，这里的"性"指的是人的本性，是生来就具有的，比如说，自尊心、虚荣心、荣誉感，还有求生的本性，懒惰的本性和不满足的本性。

那么，什么是性格呢？其实，性格是人对现实的稳定态度和习惯化的行为方式中的独特的心理特征的总和。由于性格常通过稳定的态度和惯常的行为方式表现出来，因此，性格特征包括态度特征，如对社会、对集体、对他人、对工作、对学习、对自己的态度；意志特征，如对自己行为活动的调节、控制能力；情绪特征，如在情绪控制、情绪持久性、主导心境等方面的特征；理智特征，如在感知、记忆、想象、思维等认知过程中表现出来的特征。

性格是在社会生活中逐渐形成的，同时也受个体生物学因素的影响。当两位学生同时面对老师的批评时，我们可以看到她们性格的差异：一位学生非常不好意思，积极认错，并努力改正；而另外一位学生则不停地解释原因，不仅不认错还将错误推到其他同学身上。由此可见，良好的性格与品行相关，且都需要培养。

良好的性格是现代女性追求的目标，我们认为良好的性格应具有：能面对现实，接纳现实；能客观评价和接受自己、他人与社会；有广阔的视野，有追求与梦想；能独立自主；能发展与他人深厚的友谊；能分辨善恶；有适度的幽默感和创造性。

要培养现代女性良好的性格，一是要了解自己的性格，正确分析自己的性格特征；二是要确立积极向上的人生观；三是要重视在实践中磨炼性格；四是要重视环境对性格的影响。

由此看来，现代女性良好的性格培养是从了解自己的性格，正确分析自己的性格开始的。

那么，性格是怎样分类的呢?

由于每个人的性格特点不是单一的，而是由多种性格混合而成的，因此不能简单地判定一个人的性格属性，通常我们根据理性和感性，直率和优柔将人的性格分为四类。

性格分类表

类型特点	优点	弱点	反感	追求	担心	动机
活泼型	善于劝导，注重他人关系	缺乏条理，粗心大意	循规蹈矩	广受欢迎与喝彩	失去声望	别人的认同
和平型	恪尽职守，善于倾听	过于敏感，缺乏主见	感觉迟钝	被人接受，生活稳定	突然的变革	团结和归属感
完美型	做事讲求条理，善于分析	完美主义，过于苛刻	盲目行事	精细准确，一丝不苟	批评与非议	进步
力量型	善于管理，主动积极	缺乏耐心，感觉迟钝	优柔寡断	工作效率，支配地位	被驱动，强迫	获胜，成功

（二）了解自己的性格

每个人的性格各有不同，你可能在某一方面特别明显，同时兼有其他方面的特点，或者有两种特点最为明显，其他为隐性。怎么来确定自己的性格类型呢?我们可以通过“九型人格问卷”或“艾森克人格问卷”等专业测试的方式，进行全方位的性格测试，也可通过一些小游戏，对性格中的某些方面进行测试。

资料卡

添画嘴巴看性格

下面是一张尚未完成的人像图，请你给她画上嘴巴。

现在来看看你画的嘴：

1. 嘴的大小

看一个人画嘴的大小，就能够明白他的性格。将嘴巴画得很大的人，属于天生的乐天派，是乐观型性格。生性开朗活泼，总觉得自己愉快的事多，不愉快的事少。稍微有一点难过的事，马上就会表现出来，心中无法隐藏悲伤难过。极具好胜心，绝不认输的个性，不允许自己落于他人之后。做事行动迅速，干脆而不拖泥带水。

将嘴画得很小的人，是属于温和的内向型。行事谦让谨慎，待人客客气气。性情随和，易与人相处，跟所有的人都合得来。若画得再小一点，则表示此人平日极少说话，处事态度较消极。

2. 嘴角的方向

将嘴角向上画的人，是生性开朗活泼，个性极为开放、达观豁然的社交家。对人微笑，是能够得到人人的喜欢。也能和任何人合作，易受长辈的依赖。

将嘴角向下画，表示这个人自尊心很强，急躁但能自我反省。这种嘴型通常出现在不愉快的时候。

将嘴型画成一直线型，表示这个人不易表现出自己真正所想的事。别人也无法从外表判断他的内在世界。

3. 嘴的开合

将嘴画得大开时，表示这个人无法约束、控制自己的心情。也表示是疲累和心烦的时候，对金钱往往会挥霍浪费，在工作方面，也会有怠慢的行为。

4. 嘴内的牙齿

画嘴时会将牙齿也画上，是表示这个人自己欲求不满，或对别人极度的不满，具有攻击性的性格。

这只是个有趣的游戏，但通过游戏我们可以感受到人的性格与其行为的关系。

（三）完善性格学会合作

由于不同性格的人，具有不同的特点，因此，在与人交往时，应了解其不同的性格特点和交往特征，在完善自己性格的同时，建立良好的人际关系。

1. 与活泼型一起快乐

活泼型性格的人渴望集体活动，并希望在活动中，增强其成就感；活泼型性格的人有才华，有时爱表现自己，他们需要展现才华的舞台；活泼型性格的人喜欢讲话，且不会经过太多的思考来说话和表达；活泼型性格的人做事有点盲动，有时会承诺一些自己做不到的事情；活泼型性格的人喜欢开玩笑或恶作剧，其实他们的玩笑没有恶意，只是天性使然。

因此，对活泼性格的人，我们需要表现出对他们个人有兴趣，对他们的观点和看法，甚至梦想表示支持，理解他们说话不会三思，容忍他们行为新奇，懂得他们的善意。但与活泼型的人相处，应给他们规定做事情的最后期限，同时与他们就资源、条件、人力以及财力等内容进行认真的评估，以帮助他们达成目标。

2. 与完美型一起统筹

完美型性格的人喜欢思考；完美型性格的人在与人相处时，比较认真和严格，往往会显得有些偏执；完美型性格的人喜欢刨根究底，并善于用事实来还击；完美型性格的人由于追求完美，其见解往往极具价值。

由于完美型的人重视事情的规划和统筹，因此，在和完美型的人合作时，要周到精细、准备充分；完美型的人工作起来十分投入，因此，在和完美型的人合作时，要能宽容其态度；完美型的人对工作要求高，且敏感而容易受到伤害，因此，在和完美型的人合作时，应该给予他们更大的耐心和理解；完美型的人喜欢深思熟虑后再做出决定，因此，在和完美型的人合作时，应有条不紊，有计划、有制度、有措施；完美型的人有时过于敏感，因此，在和完美型的人合作时，应及时疏导其不良情绪，帮助他们化解现实中存在的问题。

3. 与力量型一起行动

力量型性格的人具有不达目的不罢休的毅力和决心；力量型性格的人具有控制他人的能力，他们善于保持自己思维和决断的独立性，避免受其控制；力量型性格的人喜以事情为重心，因而快人快语、直截了当、一针见血地表达意见和看法，常让人觉得缺乏同情心；力量型性格的人在关键时刻，不退缩、有主见，敢于拿主意，常常表现出非凡的决策能力；但力量型性格的人有时由于过于强大，而缺乏团队意识。

与力量型性格的人合作时，要讲究效率、积极行动、进取务实。要认可他们的能力，支持他们的意愿和目标。在与他们沟通时，应以委婉的方法表达出直接正面的看法。在工作任务上，要有明确的工作权限与分工，避免因界限不清出现问题；在团队合作上，应引导他们积极地参与团队合作，形成对团队的尊重。

4. 与和平型一起轻松

和平型性格的人不是冒险者，他们喜欢平静而有安全感的环境。因此，他们担心伤害和挫折，恐惧挑战和目标，他们不喜欢咄咄逼人，也不喜欢意外，更不愿意成为先行者。

因此，与和平型性格的人在一起，要使自己成为一个热心真诚的人。要懂得他们需要直接的推动，帮助他们订立目标；要迫使他们做决定，主动表示对他们的关心；要了解他们内心的愿望，鼓励他们愿望的达成；要肯定他们良好的人际关系，并帮助他们成为可靠的救援者和感情的协调者；鼓励他们信守诺言，并帮助他们排除干扰，主动承担责任。

二、学会控制情绪

心理学认为：“情绪是指伴随着认知和意识过程产生的对外界事物的态度，是对客观事物和主体需求之间关系的反应，是以个体的愿望和需要为中介的一种心理活动。情绪包含情绪体验、情绪行为、情绪唤醒和对刺激物的认知等复杂成分。”我们只有对情绪有正确的认识与管理，才能够有效的控制负面情绪，减少因为情绪失控而伤人害己的行为。

（一）关于情绪

情绪是身体对行为成功的可能性乃至必然性，在生理反应上的评价和体验，包括喜、怒、忧、思、悲、恐、惊七种。行为在身体动作上表现得越强就说明其情绪越强，如喜会是手舞足蹈、怒会是咬牙切齿、忧会是茶饭不思、悲会是痛心疾首等，就是情绪在身体动作上的反应。情绪是信心这一整体中的一部分，它与信心中的外向认知、外在意识具有协调一致性，是信心在生理上一种暂时的较剧烈的生理评价和体验。

情绪不可能被完全消灭，但可以进行有效疏导、有效管理、适度控制。情绪无好坏之分，一般只划分为积极情绪、消极情绪。由情绪引发的行为则有好坏之分，所以说，我们需要对情绪进行管理，对情绪管理的有效方法是疏导情绪，并使之合理化后转变为信念与行为。

（二）控制情绪微笑人生

“月有阴晴圆缺，人有喜怒哀乐”，人的情绪是人的基本心理活动之一，良好的情绪可以调适我们的心理，不良的情绪也可以干扰我们的生活，对情绪的控制，首先应用理智构筑一道坚固的“闸门”。由于情绪与个人的态度紧密相连，一个积极乐观的人，往往表现出更多的积极健康的情绪。因此，在生活中，我们可以通过改变态度来控制情绪。那么，我们应怎样有效地管理好情绪，将负面情绪转化成为合理的信念和行为呢?

1. 发泄不良情绪

当你要发泄不良情绪时，合适的做法有四种：一是在适当的场合哭一场；二是向他人倾诉；三是进行适当的运动；四是放声歌唱或大声喊叫。这些方法，可以把因愤怒激发出来的能量释放出来，从而使心情平静，调整机体平衡。

2. 消解不良情绪

在消除不良情绪时，首先，应承认不良情绪的存在；其次，应分析产生这一情绪的原因，了解引起自己苦恼、忧愁、愤怒的事物，确定可恼、可忧、可怒的程度，使不良情绪得到部分消解；最后，如确有可恼、可忧、可怒的理由，应寻求适当的方法和途径来解决它。

3. 遗忘或转移不良情绪

在一般情况下，能对自己的情绪产生强烈刺激的事情，通常都与自己的切身利益有很大关系，要很快将它遗忘，是很困难的。但是，可以进行积极的转移，即设法使自己的思绪转移到更有意义的方面，或者主动去帮助别人，或者找知心朋友谈心，或是找有益的书来阅读。要使自己的心思有所寄托，不要使自己处于精神空虚、心理空荡的状态，凡是在不愉快的情绪产生时，能很快将精力转移他处的人，不良情绪在他身上存留的时间就短。

4. 采取必要的方式和方法

（1）自我鼓励法。也就是用生活中的哲理或某些明智的思想来安慰自己，鼓励自己同痛苦和逆境进行斗争。自我鼓励是人们精神活动的动力源泉之一，一个人在痛苦、受打击和逆境面前，只要能够有效地进行自我鼓励，他就会增添力量，就能在痛苦中振作起来。

（2）语言暗示法。当你为不良情结所压抑的时候，可以通过言语暗示作用，调整和放松心理上的紧张状态，使不良情绪得到缓解。比如你在发怒时，可以用言词暗示自己“不要发怒”，“发怒会把事情办坏的”。陷入忧愁时，提醒自己“忧愁没有用，于事无益，还是面对现实，想想办法吧”等等。在松弛平静、排除杂念、专心致志的情况下，进行这种自我暗示，对情绪的好转将大有益处。

（3）请人引导法。有时候，不良情绪无法自己疏导，需要借助于别人的帮助。心理学研究认为，人的心理处于压抑时，应允许有节制的发泄，把闷在心里的苦恼倾倒出来。因此，当现代女性有了苦闷时，可以主动找亲人、朋友诉说内心的忧愁，以摆脱不良情绪的控制。

(4) 环境调节法。环境对人的情绪、情感起着重要的影响和制约作用。素雅整洁的房间，明亮柔和的颜色，可使人产生恬静舒畅的心情。相反，阴暗、狭窄、肮脏的环境，会给人带来憋气和不快的情绪。因此，改变环境，也能起到调节情绪的作用，当你受到不良情绪的影响时，不妨到外面走走，看看大自然的美景，听听大自然的声音，闻闻大自然的花香，也能起到旷达胸怀、欢娱身心、调节心理的作用。

三、追求幸福生活

当今社会一直在强调一个词“幸福感”，每个人都在渴望幸福，从自己或他人的身上寻求幸福，但是，你对幸福真的了解吗？什么才是真正的幸福呢？

(一) 关于幸福

从理论上讲，幸福是心理欲望得到满足时的状态，是一种持续时间较长的满足感和趣味感，是一种自然而然地希望持续久远的愉快心情。

幸福的关键在于人们对人生所持的态度。你认为尽责任是一种幸福，你就有了对待责任的幸福体验；你认为知足是一种幸福，你就有了知足常乐的幸福体验；你认为平淡简朴是一种幸福，你就有了比别人多得多的幸福体验。其实，有的幸福来源于别人的给予，如他人对你的尊敬和信任；有的幸福来源于自己的给予，如你对自己的肯定、认同和接纳；有的幸福来源于你对别人的给予，如你给需要的人帮助和快乐。这里的“别人”可以是亲人、朋友、同事，也可以是陌生人。所以幸福本身就是一种心理体验的过程。

人的一生到底能拥有多少幸福的体验？关键在于你能不能把生命的存在当成一种幸福而好好珍惜；在于你能不能把养家糊口当成一种幸福而坦然承担；在于你能不能把超越自我当成一种幸福而不言放弃。

幸福不是索取，不是攀比，不是逃避，更不是占据物质财富的多少，而是付出和给予，这样你才能感知到自己生命的存在是有用的、有价值的，这样你才会感受幸福。

中国传统文化中的幸福观，常常体现于“五福”，即寿、富、康宁、好德、终命。用通俗的话说，就是长寿、富足、健康平安、爱好美德、寿终正寝。随着社会的发展与进步，我们的幸福观也发生了根本的变化，一是将幸福观与个人价值的实现相联系；二是幸福观趋向世俗化，即开始注重物质生活；三是幸福观具有明显的差异性，人们在各自的生活价值目标的指引下，可以体验不同的幸福感受，使幸福具有了鲜明的个性特色。

因此，在今天这种多元化的社会生活中，现代女性在追求幸福时，开始倡导一种科学的幸福观，这种幸福观，一是要求调适自我，提升对自身和环境的满意度，如自适感的提升，道德感的完善，以及外部世界中优美的环境、芬芳的气息、爱慕的对象等都可以成为幸福的源泉；二是重视人际交往，因为我国文化是一个重视亲情连接和社会关系支持的文化，因此人际交往和亲情交流能提升幸福感；三是要懂得利他，乐于助人会收获更多的幸福，因为通过帮助别人，我们能够获得持久的意义和快乐；四是学会感恩，因为感恩是人与生俱来的本能，是一种生活的态度，一种品质，更是幸福的基础。

（二）丢掉误解　快乐生活

现实生活中，有人发现自己的幸福“丢了”，自己开始变得不快乐了，是什么让我们找不到幸福了呢？究其原因，有这样几方面：一是不善于发现阳光面。这类人常常忽略生活中那些积极的、美好的东西，却放大生活中负面的事件，久而久之，生活中积极的事件也会被我们视而不见，长此以往，削弱的是自己积极的心态。二是缺乏信念。这类人没有人生的目标和追求，不知道自己究竟想要什么，这种缺乏信念与理想的状态，常使这类人难以产生长久、快乐的幸福感。三是喜爱比较。这类人常将自己的精力投入到竞争之中，喜欢通过比较来激励自己，长此以往，心里就会只剩欲望，没了幸福。四是不知道奉献。美国哈佛大学有一项研究显示，生活中帮助他人，能让自己感到快乐。如果总算计着“我能从中得到什么”、“做这件事值不值得”，幸福也会离你远去。五是不知足。中国有句俗话叫“知足者常乐”，其实知足是一种生活的哲理，但现代人能知足的越来越少，于是，幸福也就离我们越来越远。六是缺乏信任。现代人越来越倾向用理性思维，也就是我们常说的“右脑”思维，由于右脑掌管个体、权力、地位等，因而对幸福的感受度低。幸福感来自左脑的感受，由于我们不善于感受幸福了，生活中的幸福也就少了。

找回幸福，快乐生活是现代女性的追求，更是现代女性特点的表现，那么，我们应如何丢掉误解快乐的生活呢？

1. 了解自我，悦纳自我

了解自我，悦纳自我就是能体验到自己存在的价值，既能了解自己，又能接受自己，能对自己的能力、性格、情绪和优缺点做出客观而恰当的评价，对自己既不会提出苛刻非分的期望与要求，又能确定符合实际的生活目标和理想，也就是说既对自己充满信心，又努力发展自己的潜能，使自己处在阳光自信的幸福之中。

2. 接受他人，善与人处

接受他人，善与人处是现代社会对人的基本要求，它要求现代女性不仅能接受自我，也能接受他人，能认可别人存在的价值，善于沟通，有融洽的人际关系。能为集体所接纳，同时也能将自己融入其中。在与他人共处时，同情、友爱、信任、尊敬、愉快的体验多于猜疑、嫉妒、敌视、畏惧、痛苦的体验。

接受他人，善与人处需要我们学会感恩，因为“感恩”是指乐于把得到好处的感激呈现出来且回馈他人。其实，在现实生活中，“感恩”是一种认同，如我们对太阳“感恩”，包含了我们对温暖的领悟；对蓝天“感恩”，包含了对纯净的认可；对草原“感恩”，包含了对“野火烧不尽，春风吹又生”的叹服；对大海“感恩”，包含了我们对兼收并蓄的一种倾听。“感恩”是一种回报，是每个人生活中不可或缺的阳光雨露，因为，无论尊贵或卑微，无论你生在何处，无论你有怎样的经历，只要胸中常怀一颗感恩的心，就会不断地涌动着温暖、自信、坚定、善良，就会感受幸福。“感恩”是一种生活态度，是一种品德，是一番肺腑之言。如果人与人之间缺乏感恩之心，必然会导致人际关系的冷淡，所以，每个人都应在“感恩”中接受他人，与人相处。“感恩”还是尊重的基础。因为在与人相处时，现代人的坐标原点常常是“我”，我与他人，我与社会，我与自然，一切关系是由主体“我”而发生的，而尊重是以自尊为起点，在尊重他人、尊重社会、尊重自然的过程中，追求生命的意义，发展独立人格。因此，感恩从某种意义上讲，是人非智力因素的精神底色，更是现代女性接受他人，善与人处的支点。

3. 热爱生活，乐于工作

热爱生活是一种境界，它包含了“好生活”和“好好生活”两方面，这里的“好生活”是人们生活的一种状态，而“好好生活”，则是“好生活”的内涵，其中包含了理性生活与健康生活的内容。“好生活”自然人人向往，而“好好生活”就因人而异，需要生活的赐教了。有人把生活比喻成一首歌，其实歌中并不都是欢快得令人陶醉的娱乐，有忧伤，有凄凉，也有哀痛和呻吟。只有真正懂得生活的人才会把生活当做一首歌来唱，并将自己的嗓音调整到最佳状态，努力把握好每一个音节，始终保持乐观、愉快的主导心境，这就是好好生活。

工作是一种创造价值的劳动。由于工作是在长时间内，做着重复的一系列动作，因此，工作倦怠是工作中易出现的问题。乐于工作就是要在工作中发挥自己的个性和聪明才智，寻找自我实现的价值，并从工作成果中获得满足和激励。

热爱生活与乐于工作紧密相连，因为工作不仅提供给我们自我实现的可能，也提供给我们生活的保障。因此，我们应将好好生活与乐于工作结合起来，让工作为实现好好生活奠定基础，让好好生活为创造性的工作提供保证。

4. 不怕困难，知足常乐

困难是指处境艰难、生活穷困，或事情复杂、阻碍多。其实在生活中，有所追求的女性不可避免地会遇到各种困难和打击。困境可以检验一个人的品质，如果现代女性敢于直面困难，积极主动寻求解决问题的办法和途径，她终将成功。因此，成功而幸福的女性是不怕困难的，成功而幸福的女性是对自己的能力充满自信的，成功而幸福的女性的心态始终是平和向上的。

这里的“平和向上”就包含了“知足常乐”的意境。这里的“知足”包含有对已经得到的生活或者愿望的满足。知足常乐就是客观地认识、准确地判断已经实现的目标和愿望，并充分肯定目前的状态，从而始终保持愉快、平和的心态。知足常乐虽然要求我们有适可而止的精神，它并不安于现状，不思进取，故步自封，而是强调对现有收获的充分珍惜，对目前成果的充分享受，以及对现有潜力的充分发掘。因此，理性的进取应该以知足常乐的心态为基础。

人要得到快乐，关键要有一种乐观的心态。知足常乐正是当代人和当代社会的根本需求，因为知足的人揣着一颗平和的心，那么，知足常乐会给我们带来什么？

首先，知足常乐能使人安神理气。尤其是在遇不平事，不公平待遇，心情感到委屈，憋闷或心理不平衡时，多想想，多品味这几个字，也许很快就能使心情轻松平和起来，将心中的不悦之情，满腹怨恨之气，在心平气和中悄悄释然，使心情由坏变好，达到神安气顺。

其次，知足常乐能起到开导解劝，“降火明目”的作用。常记起知足常乐这几个字，会使我们自觉地丢掉许多俗气与贪心，使人变得更加理智与聪明，使性格豁达与大度。

（三）造就人生追求幸福

现代女性应该知道：人生是塑造出来的，幸福是追求得到的，因此，在追求幸福生活时，我们应首先做好这样三件事情。

1. 学会读书

读书是指获取他人已预备好的文字符号并加以辨认、理解、分析的过程，在读书的过程中，常伴随着朗读、鉴赏、记忆等行为。学会读书则是指能将读书的过程，当成一种获取知识的方法，当成一种兴趣与习惯，会读书，读好书。

确实，书籍是人类文明的载体，是文化得以延续的根基。读书，读一本好书，可以使我们明净如水，开阔视野，丰富阅历，益于人生。其实在人生这条路上，每个人所见的风景都是有限的，而书籍就是望远镜，书籍就是指明灯。它不仅让我们看得清、看得远，也让我们知道与谁同行，风景怎样，应如何追求与调整，更让我们在和他人所见的比较中，“博百家之长，为我所用”。

读书的境界应该在于爱读书、读好书、多读书和会读书，爱读书，是说对阅读有兴趣；读好书，是指会从纷繁复杂、良莠不齐的图书市场选择好书；多读书，是说让阅读实现由量变到质变的发展，通过阅读的积累，达到对这类图书有所认知的目的；会读书，则是指掌握读书的方法，使读书呈现出事半功倍的效果。

那么，读书与人生有什么关系呢？

其实，读书是一种享受生活的艺术。当你枯燥烦闷时，读书能使你心情愉悦；当你迷茫惆怅时，读书能使你平静心情看清前路；当你心情愉快时，读书能使你发现身边更多美好的事物，从而更加享受生活。读书是一种提升自我的艺术。人常说“玉不琢，不成器，人不学，不知义”，读书的过程就是一种学习的过程，一本书有一个故事，一个故事叙述一段人生，一段人生折射一个世界，“读万卷书，行万里路”说的正是这个道理。因此，读诗使人高雅，读史使人明智。读书，是一种充实人生的艺术。因为，没有书的人生就像空心的竹子空洞无物，因此，犹太人在孩子很小的时候，就让孩子亲吻涂有蜂蜜的书本，从而让孩子记住：书本是甜的，要让甜蜜充满人生就要读书。其实，从某种意义上讲，读书就是人生最难得的存折，一点一滴地积累，你会发现自己是世界上最富有的人。读书，还是一种学习人生的艺术。你瞧，我们从杜甫的诗句里感悟到了人生的辛酸，从李白的诗句中领悟了官场的腐败，从鲁迅的文章中认清了社会的黑暗，从巴金的文章中感到了未来的希望。

现代女性，让我们学会读书吧！因为，每一本书都是一个朋友，都在教我们如何看待人生。更因为，读书是人生不可缺少的功课，阅读书籍，感悟人生，才能帮助我们走好人生的每一步。

2. 明确目标

目标是个人所期望的成果。目标是人生成功的希望，有目标，是把成功的希望掌握在自己手里，没有目标，则是把成功的希望交给机遇。

法国科学家约翰·法伯曾做过一个著名的“毛毛虫实验”。因毛毛虫有“跟随者”的习性，喜欢盲目地跟着前面的毛毛虫走。法伯把若干个毛毛虫放在一只花盆的边缘上，首尾相接，围成一圈，并在离花盆不远的地方，撒了一些毛毛虫喜欢吃的松针。毛毛虫开始一个跟一个，绕着花盆，一圈又一圈地走。一个小时过去了，一天过去了，毛毛虫们还在不停地、执着（著）地围着花盆走，就这样一连过了七天，毛毛虫终因饥饿和疲劳死去。其实，只要任何一只毛毛虫稍稍与众不同，它们便会吃到松针活下去。

没有目标，就会随波逐流，毛毛虫的例子，正是随波逐流者的真实写照，正如古罗马小塞涅卡所说：“有些人活着没有任何目标，他们在世间行走，就像河中一棵小草，他们不是行走，而是随波逐流。”

明确目标实质是明确我们活动的方向，而有了活动的方向，生活才会处于充实状态，才会感到快乐。20 世纪 80 年代，美国哈佛大学的两位心理学家做过一项关于“幸福”的研究。研究对象是一些自称幸福的人。结果表明：幸福的人们的共同之处，不是财富，不是爱情，甚至也不是健康，但有两个共同点：一是明确地知道自己的生活目标；二是感受到自己正在稳步地向目标前进。

明确的目标能产生坚定的信念，目标越清晰，信念越坚定。34 岁的美国妇女弗罗纶丝·查德威克是横渡英吉利海峡的第一位女性。完成这项壮举后，她决定向距离更远的卡塔林纳海峡挑战，即从加利福尼亚海岸以西 21 英里的卡塔林纳岛游向加州海岸。可那天清晨，加利福尼亚西海岸及附近的太平洋洋面，笼罩着浓雾，她在海水中几乎看不到周围的护送船，查德威克坚定地游着，时间一小时一小时的过去了，已经 15 个小时了，她仍然在游，此时最大的问题不是疲劳，而是刺骨的水温。终于，她感到又累又冷，请求拉她上船，随船的教练及她的母亲都告诉她海岸很近了，不要放弃，但她朝加州海岸望去，浓雾弥漫，什么也看不见，最后，在她的再三请求下，人们把她拉上船，此时离加州海岸只有半英里。此后，查德威克遗憾地说道：半途而废的罪魁祸首不是疲劳，也不是寒冷，而是在浓雾中看不到目标。她说：“我不是为自己找借口，如果当时我看见陆地，也许就能坚持下来。”可见是迷茫的目标，动摇了她的信念。两个月后，她成功地游过了同一个海峡，仍然是游过卡塔林纳海峡的第一位女性，且比男子的纪录快了两小时。这次，她有了非常清晰的目标。

有了目标，就会使心态处于积极的状态，那么应如何设置明确的目标呢？

一是清晰明确，目标中应包括完成的时间表；二是有具体的实施计划；三是具有可达到性，即设立的目标是通过努力可以达到的；四是有一定的灵活性。目标的灵活性，要求我们制定目标时，不制定适用终生的目标，因为随着人的成熟，其兴趣、价值观、能力、需要等内部因素会发生改变，如上学读书时的目标，或许工作时就不那么重要了，而可能产生新的目标。因此，面对人生，我们需要对不同阶段的目标进行重新评价和设置，只有这样明确的目标，才能帮助我们走好人生的每一步。

3. 脚踏实地

脚踏实地是指脚踏在坚实的土地上，比喻做事踏实，认真。那么，脚踏实地是否必须事必躬亲？其实，脚踏实地不是事必躬亲，因为居里夫人曾对她父亲说过她没有时间擦椅子；那么，脚踏实地是否必须好高骛远？其实，脚踏实地不是好高骛远，孙楠曾经干过很多个工作，十多年后才将他那甜美的歌声带给我们；那么，脚踏实地是否必须一蹴而就？其实，脚踏实地也不是一蹴而就，孙中山先生致力于革命凡四十年，屡败屡战最终推翻清王朝，建立中华民国。

那么，脚踏实地的现代女性是怎样做的呢？

脚踏实地是一种品德，从古到今有太多的例子可以证明。李时珍尝遍百草，方著就《本草纲目》；达尔文游历全球，才写成《物种起源》……纵观历史，大凡卓越成就者，必经长年累月积淀而成，脚踏实地实质是我们通向理想阶梯的一种品质。

因此，脚踏实地需要我们从小事做起，从身边的事做起。因为任何大事都是由小事积累而成的，我们不能以善小而不为，“善”再小，也只有积善才能成德。脚踏实地更需要我们付诸行动。一切理想或信仰，最终都是为行动服务的，只有将信仰付诸行动，信仰才能转化成现实，也才能促使人们达成目标，造就人生追求幸福。

相关链接

与本章相关的阅读书籍与网络

1. 本书编写组：《家常菜精选 1288 例》，中国轻工业出版社 2007 年版。

2. 姜希：《〈本草纲目〉中的女人美容养颜经》，中国妇女出版社 2011 年版。

3. 南仁淑：《20 几岁，决定女人的一生》，南海出版社 2007 年版。

4. 饮食网

5. 女性健康

6. 健康网

思考与练习

1. 为帮助痛经的好朋友减轻疼痛，请为她列举日常生活中的注意事项。

2. 请给母亲过一次特殊的母亲节，为她准备一顿晚餐，并列出菜单。

3. 什么是性格？请结合性格的分类标准分析自己的性格特点，并说说如何与其他性格特征的朋友友好相处。

4. 追求幸福生活是现代女性的特点之一，请结合自己的特点，谈谈如何追求幸福生活？

第四章
女性与家庭情感

- 了解情感发展的一般知识。
- 分辨爱情与友情、真爱与迷恋，树立正确的爱情观。
- 了解现代家庭人际关系，学习掌握基本的家庭交往礼节。

情感作为伴随人们始终的心理因素之一，对人们适应社会能力的发展和人际交往关系的建立起着十分重要的作用。

家庭情感是女性进入自己的家庭生活后，必须面对的一个问题，家庭情感是从人与人之间的情感逐渐发展沉淀形成的，它与爱情、婚姻、家庭以及家庭中的人际交往密切相连，并成为一个家庭区别于另一个家庭的重要因素之一。那么，女性应具有怎样的家庭情感？在家庭情感的形成中，女性自身应如何成长发展？本章将从人与人之间的情感、爱情与婚姻、现代家庭的人际关系以及现代家庭人际交往礼仪四个方面，阐述女性与家庭情感的关系。

第一节　人与人之间的情感

情景案例

晓晓与萌萌是住在一起的邻居，晓晓娇小可人，萌萌憨厚踏实，他们虽然一个是女生一个是男生，但小时候常常手拉着手唱着歌上幼儿园，背着书包蹦蹦跳跳上学校，是很好的玩伴和朋友。不知从什么时候开始，他们不拉手了，也不知从什么时候开始，他们不一起上学了，他们自己也觉得奇怪，其实，这正是人与人之间情感发展的必经之路。人与人之间的情感是怎样的一个发展过程呢？

一、情感与情感成熟

（一）关于情感

情感从字面理解，是指人受外界刺激而产生的心理反应，如喜、怒、悲、恐、爱、憎等。从心理学的角度讲，情感是人对客观事物是否满足自己的需要而产生的态度体验。也就是说，情感是人的各种感觉、思想和行为的一种综合的心理和生理状态，是对外界刺激所产生的心理反应和生理反应。

情感是人适应生存的心理工具，是人的心理活动和行为动机的激发因素，也是人际交流的重要手段。每个人在交往中都会产生情感，不同的情感会对交往产生不同的影响。愤怒的情感可以使人因丧胆而让步；悲伤的情感可以使人因同情而怜悯；恐惧的情感能将人们的心拴在一起……由此看来，不同的情感所起的作用是不一样的。

（二）关于情感成熟

情感成熟是指一个人在自己的需要无论是否得到满足的情况下，能自觉地调节自己的情感，使之适度的一种心理状态。当我们参加考试获得优秀的成绩时，我们不会因为自己的愿望和需要得到满足而狂喜，也不会因为自己的愿望和需要未得到满足而盛怒或自卑。因此，情感成熟是一个人心理健康或心理成熟的标志。

心理学家赫洛克曾对情感成熟进行过研究，他认为情感成熟应包括四个方面：

（1）能够保持健康。保持健康是指可以管理自己的身体，能长期不懈地坚持锻炼，能有效地防止因身体疲劳、睡眠不足、头痛、消化不良等疾病引起的情绪不稳和有疾病时具有战胜疾病的乐观心理。

（2）能够适应环境。环境是我们的生存空间，个人的行为要受社会环境约束，要克服想干什么就干什么的我行我素的思维方式，更要使个人利益不违背集体利益，个人行为符合行为规范，既不出口伤人，也不一触即跳等，能使自己有效地适应环境。

（3）能够使紧张的情绪化解到无害的方面。人的情感是有两极性的，两极性情感不仅损害自身健康，而且消极性强的情感如愤怒、暴躁等还可能伤害他人。成熟的情感能增强情操的调控作用，化解和防止产生过度的情绪，转化被压抑的情绪，使情绪具有社会感和责任感。

（4）能够洞察理解社会。洞察和理解社会，可使人的智力不断增长，社会经验不断积累。社会不是以自我为中心，而是以大家为中心、以集体利益为中心。

洞察和理解社会，会使自我更加自律、更加宽容、更加融合，情感更加成熟，与集体同呼吸共命运。

由此看来，情感成熟是心理成熟的一个重要方面，也是个人成长的重要前提。

二、情感的发展

苏联教育家阿扎罗夫曾说过“在情感世界里，任何什么东西也不会自然地产生，因为这是与学习或者其他工作一样复杂和费力的心、脑、精神工作”。人的情感，是以人类特有的从高等动物进化而来的人脑结构及其神经系统的活动为物质基础的成熟过程，它不仅受生理成熟的影响，也受环境、教育等因素的影响。因此不同时期，人的情感表现是不同的。

1. 幼儿早期

幼儿早期，由于其身心处在发展阶段，绝大多数的活动是在成人的帮助下完成的，这时幼儿的主要活动是依附父母，这一阶段儿童的主要情感表现是亲情。

2. 幼儿后期和儿童早期

这一阶段的儿童随着身心的不断成熟，特别是活动范围的加大和交往范围的扩展，儿童的主要活动开始由依附成人发展为大家同乐，此时儿童的主要活动对象不再是父母，而是同伴和同龄人，这时的儿童开始出现的不仅仅是亲情还有更为重要的情感表现，那就是友情。

3. 儿童中期

儿童中期也就是我们所说的小学高年级和初中时期，这时的儿童，随着身体和心理的逐渐成熟，身体开始出现一些青春期早期的生理变化，比如女孩乳房开始发育，男孩开始长出阴毛。此时儿童的潜意识里，是不愿意让他人发现自己身体的变化的，因此开始产生对异性的排斥心理，“两小无猜”的男女玩伴关系因此而结束，取而代之的是比较稳固的同性相聚和同性朋友，这时儿童间的情感虽然仍以友情为主，但友情的对象已从异性变为了同性。

4. 青春期

当青春期开始时，人与人之间的交往又发生了微妙的变化，此时他们不仅对同性关注，也开始关注异性，并开始憧憬爱情。在这个过程中，人们常常要经历这样三个阶段：一是异性相吸的阶段，这个阶段一般可持续 2 年～3 年，此时的青少年又开始对异性产生好奇和好感，渴望参加有异性参与的集体活动，在集体活动中结识有共同话题的异性朋友，并发现自己喜爱的异性类型，这是青少年学习与异性交往的重要时期，此时让他们有更多的机会参与有异性参加的集体活动是十分重要的。二是异性眷恋阶段，此时已处于青春期中期，他们在群体交往的基础上发现了自己喜欢的异性，渴望与其单独相处，享受爱与被爱的感觉。此时是学校与家长要特别关注和正确引导的时期。三是择偶阶段，这是在经历了与异性交往阶段之后出现的一个阶段，此时择偶价值观逐渐成熟。因此在青春期后期，人们将进入选择自己配偶的爱情阶段。

从人的情感的发展我们可以看到，随着人们的不断成熟，他们的行为从依附父母到大家同乐到同性相聚再到异性相吸。他们的情感则经历了从亲情到友情再到爱情的发展变化过程。

那么，异性间的情感是怎样发展的呢?

三、异性间情感的发展

异性间情感的发展，要经历不同的发展阶段，一般而言，要经历这样四个阶段：

1. 初识的同质性阶段

初识的同质性阶段，是指双方感觉投缘的时期。一般在相识之初，异性都会在意和表现外显的优点，如长相、身高等，并由此开始彼此的交往。这一时期的主要特征是以外在的特点或外显的相同性为主要标准。

2. 相互分享的和谐阶段

相互分享的和谐阶段，是指双方通过接触发现彼此有许多共同语言，并会因相同的感兴趣的话题而经常彼此交谈，此时由于沟通和谐，了解逐渐深入，会使双方感到情感关系和谐稳定。这一时期的主要特征是沟通加强，关系融洽，有共同关注的话题。

3. 期望肯定的承诺阶段

期望肯定的承诺阶段，是指双方都希望对方承诺这段感情。此时的双方会因为了解而更加肯定，因肯定而更愿意加深了解。因此，这个阶段的一个突出表现是希望共同面对外界的压力，确定彼此的关系。由于关系尚不明确，常会担心自己是否会是对方的唯一或第一人选，而出现排他性。由于排他性的存在，使彼此更加关注对方，也使彼此的关系更加微妙和容易产生矛盾。

4. 定位清楚的日渐密切阶段

定位清楚的日渐密切阶段，是指双方都肯定这段感情，此时，会将真实的自我慢慢带入感情互动之中，不再只追求彼此外显的好印象，而是关心能否长久相处下去。此时的主要特征是彼此间微妙的关系被稳固的关系所代替，双方都承认是自己的唯一，并愿意为对方付出。

异性间情感的发展是一个微妙而美好的过程，有时上述四个阶段发展轨迹清晰，有时一些阶段相互融合，但无论怎么发展，都要经历从“相互了解”到“融洽安全”再到“升华相爱”的过程。

第二节　爱情与婚姻

情景案例

强很喜欢静，他对静说：“我爱你。”静只回答了一句：“我知道。”强闷闷地走开了，过了一段时间，强又对静说：“我现在不爱你了。”静还是只说了一句：“我知道。”强走开了，又过了一段时间，强又对静说：“到现在我才发现，我一直爱的都是你。”静还是回答：“我知道。”强终于按捺不住问道：“为什么每次你的回答都是我知道，你真的知道什么？”静淡淡地说道：“我知道，我爱你。”

其实婚姻是什么？有人说是“从前的路人”、“以前的朋友”、“现在的伴侣”、“生活的搭档”、“感情的知音”、“一辈子的总结”。这些形容词很直观地描述了婚姻不同阶段，夫妻双方的变化。婚姻需要爱情，但爱情的结果不一定是婚姻。那么，什么是爱情？什么又是婚姻呢？

一、爱情

（一）关于爱情

1. 爱情的含义

爱情从字面理解是“爱”和“情”的结合。爱是喜欢，爱是给予和奉献；情是两人之间的互相吸引和倾慕。因此，爱情是男女双方基于一定的社会关系和共同的生活理想，在各自内心形成的对于对方最真挚的倾慕，并渴望对方成为自己终身伴侣的最强烈的感情。

由于爱情是人们发自内心的一种依恋和牵挂，因此，不同阶段的人们的爱情表现是不同的。恋人间的爱情常常表现为双方在各自内心形成的对对方最真挚的仰慕和渴望对方成为自己终身伴侣的强烈愿望。夫妻间的爱情则具体地表现为：恩恩爱爱，和和美美，相互忠诚，相互信任，感情专一，互为奉献，患难与共，相濡以沫，白头偕老。

从恋人和夫妻间的爱情，我们可以看到爱情一般表现出三个特征：一是对对方的亲近和依恋；二是对对方的奉献；三是对对方的依赖、独占和排他。

2. 爱情与喜欢的区别

喜欢是不是爱情？很多人为此而感到苦恼。其实喜欢有喜爱的意思，也有愉快、高兴的意思。但是，喜欢与爱是有区别的。那么，爱情与喜欢有什么区别呢？

（1）爱情有较多的幻想，由于有幻想因此常常表现出激烈、狂热和迫切的情绪情感和行为；喜欢则产生于对他人的现实评价，因此，喜欢不像爱情那样狂热、激烈和迫切，始终比较平稳、宁静和客观。

（2）爱情常与许多相互冲突的情绪有联系，如既喜欢又讨厌，既想天天见面，一旦见面又常常因一点小事而发生矛盾；喜欢却是一种单纯的情感体验。

（3）爱情往往与性欲有关，因此，爱情中常常表现出爱抚等行为。而喜欢则不涉及这方面的需要。

（4）爱情具有独占性和排他性，爱情中的双方都希望自己是对方的唯一，喜欢则不具有这样的特性。

（5）爱平凡而伟大，爱情中的双方，不会因彼此知道对方不是你所崇拜的人，或存在着缺点，而抛弃和否定他（她）的全部。喜欢则会因发现对方的缺点而逐渐减弱喜欢的程度。

（6）爱是深深的喜欢，喜欢是浅浅的爱。

资料卡

爱情与喜欢的测试表

爱　情	喜　欢
爱是在寂寞的夜里，思念如潮水般涌来，手里捧着书却怎么也看不进去，心里惦记着他此时是否还没有吃饭，是不是如自己想着他一般想着自己。	喜欢是在深夜看书时突然想起他，想象他现在正在做什么，心里漾起一阵轻飘飘的温暖，几分钟后，注意力又重新被书中的情节吸引。
爱是希望他和自己步调一致，和自己心灵相通，他无心说的一句玩笑话也能让自己顷刻情绪低落甚至眼泪汪汪。在他面前，自己从不设防。	喜欢是和他讨论问题时争得面红耳赤，各不相让，在他面前像个刺猬一样从不认输，但心里却暗暗佩服他的见地和才华。
爱是无论到哪里都希望有他陪伴。可以站在海边给他打手机，让他听听海浪的声音；也可以因为在异乡的街道上看到一个酷似他的背影而愣在原地久久不动。	喜欢是出门在外给他发个短信，告诉他这边的天气很好，然后把手机关掉，独自在异地疯玩一个星期，然后突然出现在他面前吓他一跳。

续 表

爱　情	喜　欢
爱是他临出差前千叮咛万嘱咐，往他的背包里塞满衣服和食物，在车站要等到火车开走才肯离开。并且在他走后的日子里天天心神不定，一遍遍地祈祷他能够平安归来。	喜欢是他出差前简单的道一声“一路平安”，看着他离去的背影，心中有一点不舍，却什么也不说，只是默默等待他归来的消息。
爱是在受委屈的时候，趴在他的胸前痛哭，没有伪装没有顾虑，把所有的烦恼统统告诉他，并渴望从他那里得到安慰。	喜欢是在受伤的时候，不想让他看到自己脆弱的一面，在他面前把眼泪悄悄抹掉，转过头依然是一副快乐坚强的样子。
爱是在任何时候都想跟他分享，快乐的时候甚至希望把所有快乐都给他。	喜欢是在很久很久没联络的时候，接到他的电话，然后笑着听他说话。
爱是在几天没有联络的时候，着急地打电话给他，然后忍住眼泪笑一笑。	喜欢，只有在一起的时候，才惦记对方。
爱是在一起的时候，会莫名地失落，有时还会流泪。	喜欢是在一起的时候很开心，并永远快乐。
爱是一种感情。	喜欢是一种心情。
爱可以包容缺点，因为爱期望的是永远。	喜欢是看到了对方的优点，关注的是今天。

（二）真爱与单恋、迷恋

从爱情与喜欢的区别我们可以看到：完整而健康的爱情是必须双方互相认同的。但正值情感发展阶段的青少年，常会出现因误解而“一头热”的情感投入情况，也会出现对偶像的迷恋与崇拜的情感现象，这是不是爱情呢？其实这里存在着真爱与单恋、迷恋的区别。

1. 单恋

单恋是当爱情的感觉只出现在某一方的时候，称为单恋。

单恋在青少年中出现的频率比较高，究其原因是因为青少年心理尚未完全成熟，并且敏感、富于幻想，当他们对他人的认识出现偏差，或受某些因素的干扰出现错误时，就容易出现单恋。

单恋常常表现出这样一些特征。由于觉得对方爱自己，常常把对方的言谈举止纳入主观需要的轨道去理解。如果能够见到对方，会尽可能地注视对方的一举一动，如果见不到对方，会猜测或巧妙地打听对方的一切。单恋者自以为已经恋爱，心中不断涌起对未来的向往，但由于没有得到对方的配合，所以常常独自幻想，以为对方也在爱着自己，觉得应该用加倍真挚热诚的爱回报对方，或者虽然认为对方爱自己，但并没有十分的把握，常常处在困惑不解，疑虑猜测的状态下，烦躁并有一定的自卑感。

2. 迷恋

迷恋从词义理解是强烈的、极度的爱慕，是对某一事物过度爱好而难以舍弃的情感。在爱情中则是没有实际交往，以幻想的方式建立与对方恋爱假想的一种脱离实际的情感。

迷恋与真爱的区别

迷　恋	真　爱
● 与现实脱节，是一种短时间内发生的情感； ● 喜欢对方某一特质，更多的是一种投射； ● 以自我为中心幻想彼此间的亲密关系，并伴随着强烈的占有欲； ● 起源于激情，会因了解而减弱或消失。	● 活在现实中，是在一定时间内通过观察了解而产生的情感； ● 欣赏与接纳对方所有，是一种了解基础上的情感； ● 以对方为中心关注彼此的成长，彼此间亲密关系建立在安全与信任之上； ● 起源于友情，会因了解而更喜欢对方。

青少年时期，是情感相对不成熟的时期，面对我们崇拜的偶像，我们应学会理性面对，学会把握自己的情感，做情感的主人。

同时，由于爱情是人们彼此之间以相互倾慕为基础的两性关系。因此，爱情具有平等互爱、专一排他、贯穿人生并与责任义务相联系的特征，我们应树立健康正确的爱情观，将爱情看成是一种情感、理性、能力和智慧的结合。

二、婚姻

（一）关于婚姻

1. 婚姻的含义

婚姻从字面上讲，是指男人和女人结为夫妻。面对婚姻，有人赞誉它是爱情的升华和保障；有人诋毁它是爱情的终点与坟墓；也有人认为它是人生必经的阶段，无所谓好坏。尽管人们对婚姻的说法各不相同，但现代法律认为，所谓婚姻是指男女双方以永久共同生活为目的，以夫妻的权利义务为内容的合法结合。

2. 婚姻的功能

婚姻是人类社会最普遍的社会现象之一，由于婚姻同一定社会的生产力和生产方式相适应，因此，婚姻必然会受到一定社会法律制度、社会风俗和道德观念的制约，使婚姻具有特定的功能。

一般而言，婚姻具有 5 个方面的功能：

（1）纽带功能。纽带功能是说通过婚姻这种形式将不同政治集团或家族利益紧密联系起来。男女双方因婚姻关系建立家庭，也因婚姻关系使原本不相关的两家人成为亲戚，婚姻关系扩大了家庭的社会网络，改变了夫妻双方的家庭地位。

（2）合作功能。合作功能是指婚姻的男女双方在家庭生产上进行相互帮助、相互扶持；婚姻促使男女双方在经济上合作，拥有共同的资产并加以管理和运用，使生活满足。

（3）生产功能。生产功能是指婚姻的人口再生产，即通过婚姻人类社会能够繁衍并生存下去。

（4）情感功能。情感功能是指为夫妻提供情感和彼此的陪伴。在婚姻中，男女双方彼此相爱，相互认同彼此的脾气与性格，沟通彼此的心理需要，了解各自的生活目标，相互协调，建立共同的生活规约和习惯。

（5）约束功能。约束功能是指夫妻性生活的对象只能是彼此双方，没有婚姻关系的男女不能随意发生性关系，即性生活对象的固定配置。

（二）现代家庭的婚姻观

家庭是从婚姻开始的，婚姻是家庭建立的前提条件，婚姻从表面上看是男女两性的生理结合，但从本质上看，却是男女两性特定的社会结合，那么，当人们走进婚姻建立家庭后，应具有什么样的现代家庭婚姻观呢？

1. 维护爱情关系

婚姻以爱情为基础是两性关系发展上的重大进步。在婚姻中，人们往往要选择配偶，以前，人们更多地关注双方的家庭条件和社会关系等外在条件，现在，人们更多地注重双方的品质、才学、性格，以及与自己是否志趣相投等内在条件，当双方志趣相投时，会产生渴望对方成为自己终身伴侣的强烈情感，这种感情就是爱情。爱情不仅应萌生在恋爱中，还应长久持续在结婚之后。因此，在家庭生活中，珍惜爱情，维护和发展作为婚姻基础的爱情，是夫妻双方的道义责任。

2. 建立法律关系

建立法律所确认的夫妻关系是婚姻的重要保证。在现代社会中，不是所有的两性结合都能成为婚姻关系的，只有符合一定社会风俗和法律制度的两性结合才是婚姻。当男女双方在法律的范畴下，确定婚姻建立夫妻关系后，我国新《婚姻法》对夫妻间的行为给予了规定："夫妻应当相互忠实，互相尊重"；双方在婚姻关系和家庭关系中享有平等的权利并承担平等的义务。它包括夫妻人格平等、家庭决断权平等及性行为上实行自愿等。

3. 适应经济关系

经济关系是婚姻关系中的重要内容之一。在婚姻关系中，我国实行夫妻财产共有制。夫妻双方所得的工资、奖金、生产经营收入、知识产权收入等，都是夫妻共同所有的财产，都有平等的处理权。夫妻在家庭经济生活中，无论在财产的归属上，或是财产的管理上，都有平等的权利。当走进婚姻时，男女双方应适应这样的经济关系，实行经济平等。

4. 共尽抚养关系

夫妻间的抚养关系是指他们在共同生活中互尽供养的责任和义务。它不仅意味着夫妻双方在社会劳动中所消耗的体力和精力要在家庭中得到恢复和补充，还意味着他们中的一方在生病、伤残、失业、下岗的时候能得到另一方的经济供给、生活照料和精神支持。而且夫妻双方还应尽赡养老人和抚养子女的责任。

（三）婚姻满意的必备要素

美满幸福的婚姻是人们所期待的，夫妻之间互相体贴、相互关照、同舟共济、白头偕老是人们所向往的婚姻生活。但现实生活中的婚姻往往伴随着各种各样的矛盾，这需要男女双方的相互调节。

1. 婚姻中各类矛盾的调适

（1）文化差异矛盾的调适。不同的地域有不同的文化，不同的文化会产生不同的生活习惯，电视剧《双城生活》中就反映了这样的矛盾，当婚姻遇到这样的矛盾时，解决的首要方式是加深了解，互相适应。也就是说，当发现彼此的差异时，不要求全责备，更不要如临大敌，而应加强彼此间的沟通与了解，形成相对一致的共识，在宽容和理解的前提下，避免矛盾的产生。

（2）角色变化矛盾的调适。女性一旦进入婚姻就要为人妻为人母，女性角色的变化，会带来社会责任的变化，她们会从依赖父母到成为别人依靠的对象，这中间会有相当长的一段时期的心理适应过程。此时，应通过沟通相互尊重；通过沟通交流情感；通过沟通适应角色；通过沟通克服面临的困难。只有这样，才能化解婚姻之初因角色变化带来的适应性矛盾。

人们常说：幸福的家庭总是相同的，不幸的家庭各有各的不同。那么，美满的婚姻有哪些必备的条件呢？

2. 婚姻美满的条件

根据社会学家研究表明，在家庭共同生活中，对婚姻满足程度虽没有统一的标准，但有些要素是必备的。

（1）归属感。美国著名心理学家马斯洛在其“需要层次理论”中曾提出“归属和爱的需要”是人的重要心理需要，只有满足了这一需要，人们才有可能“自我实现”。归属感是指个体自觉被别人或被团体认可与接纳时的一种感受。拥有美满婚姻的家庭是情感的港湾，能给人舒适、安全和成就感，更能给人以生理和心理上的满足。

（2）支持感。支持感是夫妻对对方真诚对待自己程度的感知和认定。在充满爱意的家庭中，人们都持有一种积极的生活态度，并从中获得克服困难的勇气和力量。因此，支持感对家庭成员积极的生活态度具有重要的影响。

（3）责任感。责任感用通俗的话讲就是自觉做好分内的事情。用专业术语来解释则是主体对于责任所产生的主观意识，也就是责任在人的头脑中的主观反映形式。责任感体现在美满婚姻的家庭中，表现为夫妻双方除了身心的满足和相互鼓励和支持外，还意味着夫妻双方所负有的道义上的责任，这就是用言行一致来维护家人的利益，尽到赡养和抚养的义务。在家庭面对困难时，肝胆相照，相互信任，互不猜疑，共渡难关。

（4）舒畅感。舒畅感是指人的生理、心理和精神都处于舒适和愉快之中的状态。美满婚姻的家庭，常常是充满民主、平等、真诚氛围的家庭，这种家庭会产生良好的精神氛围，让人感到愉悦和放松。因此有人说，家庭的舒适感是建立在归属感、支持感和责任感基础之上的，用一个恰当的词来形容就是“和谐”。

（四）择偶是婚姻家庭关系的必经之路

1. 关于择偶

择偶是指成年男女在结婚前选择配偶的行为，它是影响婚姻与家庭的十分重要的因素之一，也是婚姻家庭关系的必经之路。

2. 择偶的阶段

一般在择偶的问题上，人们总是要经历这样两个阶段。一个是浪漫女孩阶段，一个是现实女人阶段。

在浪漫的女孩阶段，“择偶”基本上是在找一种感觉，这种感觉取决于对方的形象、气质、言谈举止等个人素质，与经济条件、家庭背景等其他条件无关，此时，女孩拒绝男孩的理由大多是“没有感觉”。

在现实的女人阶段，由于她们曾经经历过所谓的“感觉”，并一无所获，因此，她们会变得现实起来，此时的她们，会认真考虑自己的将来，会在决定是否与其发展关系之前，了解其经济状况、家庭背景、职业种类等情况，并做出比较理性的判断。

在现实的择偶阶段，人们的择偶还会经历这样三个过程：一是外表条件刺激为主的过程。此时，择偶双方考虑更多的是外显可见的个人特质、因素及可知的结构因素，如长相、身材、气质、学识、职业、收入等。二是价值讨论的过程。此时，择偶双方关心的是彼此的爱好、特长、对待事情的态度以及价值观是否相同。三是角色行为过程。此时，择偶双方会站在终身伴侣的角度，考察和评估对方的行为表现是否符合个人的期望的配偶角色，并尝试以这样的角色去要求对方。当现实择偶阶段经历了这样三个过程以后，相对牢固的恋爱关系才真正确立。

由此可见，择偶是一个不可忽视的过程。那么，择偶有怎样的条件呢？

2. 择偶的条件

择偶有没有条件？中国青少年研究所 1992—1993 年对青年的择偶因素进行调查表明，那时的青年在择偶时最看重的因素有：对自己有无感情、性格、工作能力、理家能力、过去与他人有无性行为、文化程度等。由此可见，择偶是有一定的条件的，而且，不同时期的择偶条件是不同的。

今天，随着社会的不断发展，人们的择偶条件也发生着变化，究竟男女双方应该如何择偶？

（1）兴趣要互融。由于结婚是两个不同个体的结合，兴趣差异会影响共同生活的情趣，乃至生活的步骤。所以双方的兴趣要相互融合，共同追求一生的和谐。不能两人各有所执，每天南辕北辙，因为这样的生活很难有持久的幸福感。

（2）缺点要互容。人都是有缺点的，你不可以把你要选择的配偶，当作圣贤一样来要求。而要把他当成是人，彼此相互包容对方的长短处和优缺点，取长补短共建和谐。

（3）人格要互尊。中国传统观念还遗留有男尊女卑的现象，这种“大男人主义”的观念，表现在家庭中就是男人有极强的优越感，这是一种家庭现象。还有一种家庭现象是女权至上，或从小娇宠，处处要求男人呵护，或是完全依赖男性。这些都是扭曲的择偶心理和不正确的婚姻观，只有明理与尊重，才能真正达到男女双方的人格互尊，也有真正意义上的恋爱、婚姻、家庭的平等。

（4）相处要互敬。互敬从字面上理解就是互相尊重、敬爱。择偶时的男女双方也要相互尊重和敬爱，只有互相尊敬，互相信赖，互相体谅，才能建立爱情，只有互相尊敬，互相信赖，互相体谅，才能在婚姻中将爱情与亲情持之永恒。

第三节　现代家庭的人际关系

情景案例

佳佳结婚了，她的闺密们都为她高兴，因为，佳佳的脸上每天挂着灿烂的笑容。可时间不长，佳佳的脸上就由晴转阴了，她的闺密关心地问她：你们闹矛盾了？佳佳说：不是闹矛盾，而是太累了，结婚前，我是父母的女儿，累了可以撒娇，可以偷懒；结了婚，我变成了妻子、儿媳，以后还要成为母亲，撒娇还勉强可以，偷懒则根本不行。特别是要与家人相处，要适应很多东西，所以，就没有以前随心所欲。

佳佳说的正是现代女性处理家庭关系中，必须面对的问题。那么，我们应该如何处理好家庭关系呢？

一、现代家庭人际关系及其特征

（一）现代家庭人际关系

人际关系是指人类在从事共同的活动中，彼此交往建立起来的各种复杂的社会关系。家庭人际关系，俗称家庭关系，是家庭成员在长期共同生活中彼此之间直接的面对面的交往关系。

（二）家庭人际关系的特征

（1）家庭人际关系表现为以婚姻、血缘为纽带的亲情关系，而亲情是人生最重要的不可替代的人性根源。因此，这种人际关系具有唯一性，是其他任何关系都代替不了的。

（2）家庭人际关系不仅是以姻缘、血缘为基础，而且还有感情和道德、经济和事业、性爱和生育的诸种关系，因而，家庭人际关系是社会关系中最为密切的关系，具有密切性。

（3）家庭人际关系受到法律的严格约束和伦理道德的深刻影响而有别于其他社会关系，因此现代家庭关系具有法律性。

（4）家庭人际关系是最具稳定性、普遍性和连续性的特定的社会人际关系。所谓的稳定性，是因为家庭自从产生以来家庭的人际关系就伴随其中，不会随社会形态的变化而变化，具有相对稳定性；所谓的普遍性，是从古至今无论哪个国家和地区，无论何种民族和社会制度，家庭人际关系都始终如一地存在着；所谓的连续性，是尽管人世间的变迁，沧海桑田，地覆天翻，然而家庭人际关系却永远是解不开的情结，代代相传，生生不息。

二、现代家庭主要关系与处理策略

（一）夫妻关系

1. 关于夫妻关系

夫妻关系是家庭人际关系产生的前提和基础，也是现代家庭中其他人际关系所环绕的轴心。

夫妻关系是家庭关系中最重要的关系。从法律上讲，夫妻关系包括夫妻人身和夫妻财产的权利义务关系。

2. 关于夫妻人身关系

夫妻人身关系是指夫妻双方在婚姻中的身份、地位、人格等多个方面的权利义务关系，是夫妻关系的主要内容，根据《婚姻法》的有关规定，夫妻人身关系主要有下列内容：

（1）夫妻双方地位平等、独立。其核心是指男女双方在婚姻、家庭生活中的各个方面都平等地享有权利，负担义务，互不隶属、支配。夫妻双方地位平等贯穿于整个《婚姻法》，表现在人身关系、财产关系、子女抚养等多个方面，是一个总的规定。

（2）夫妻双方都享有姓名权。《婚姻法》第 14 条规定，作为人身权的姓名权由夫妻双方完整、独立地享有，不受职业、收入、生活环境变化的影响，并排除他人（包括其配偶在内）的干涉。在婚姻家庭生活中，夫妻一方可合法、自愿地行使、处分其姓名权。这还体现在子女姓名的确定上，对子女姓名的决定权，由夫妻双方平等享有，即子女既可随父姓，也可随母姓，还可姓其他姓。

（3）夫妻之间的忠实义务。《婚姻法》第 3 条第 3 款、第 4 条对夫妻双方所负的忠实义务做了规定。忠实义务主要是指保守贞操的义务、专一的夫妻性生活义务、没有婚外性行为。违反忠实义务不仅伤害夫妻感情，还不利于一夫一妻制度的维护。法律对忠实义务的规定为追究各种侵犯婚姻的违法行为提供了法律依据。

（4）夫妻双方的人身自由权。《婚姻法》第 15 条规定，夫妻双方都有参加生产、工作、学习和社会活动的自由，一方或他方不得加以限制和干涉。这是夫妻双方各自充分、自由发展的必要和先决条件。夫妻一方行使人身自由权以合法、合理为限，并应互相尊重，反对各种干涉行为。

（5）夫妻住所选定权。《婚姻法》第 9 条规定：夫妻一方可以成为另一方家庭的成员，夫妻应有权协商决定家庭住所，可选择男方或女方原来住所或另外的住所。

（6）禁止家庭暴力、虐待、遗弃：禁止夫妻一方以殴打、捆绑、残害、强行限制人身自由或者其他手段给对方的身体或精神方面造成一定伤害后果的暴力行为；禁止构成虐待的持续性、经常性的家庭暴力；禁止有扶养义务的一方不尽扶养义务的违法行为。

（7）计划生育义务。夫妻双方负有公法上的计划生育义务。禁止计划外生育，是我国的基本国策所要求的，是夫妻的法定义务。义务的主体是夫妻双方，而非仅仅是女方。《妇女权益保障法》第 47 条明确规定，妇女有按照国家有关规定孕育子女的权利，也有不生育的自由，即妇女有生育权。对于男性生育权，学界意见不一，法律对此也未做明确规定。不过，作为夫妻生活重大事项之一的生育应由夫妻双方协商，共同决定，同时还应符合国家相关法律的规定。

3. 关于夫妻财产关系

关于夫妻财产关系是指男女双方因结婚产生了夫妻人身关系，也随之产生了夫妻财产关系。根据《婚姻法》的规定，夫妻财产关系由三部分组成，分别是：夫妻财产的所有权，包括夫妻一方的财产所有权和夫妻双方的共同财产所有权；夫妻间互相扶养的义务；夫妻间相互继承遗产的权利。

4. 关于夫妻依恋关系

夫妻除了人身依附、财产依附关系外，更重要的是相依相恋、相濡以沫的亲情依恋关系。良好的夫妻关系对人生幸福有着重要的意义。

良好的夫妻关系有如下标准：一是具有共同的或彼此接受的价值观念；二是对配偶的幸福和发展由衷地关注；三是在共同生活中能求大同存小异，并容忍存在分歧；四是对婚姻关系中各种支配权及决定权的平衡及认可。

现代家庭是相对独立的社会实体，解决夫妻的矛盾冲突主要依赖于自我调适，并且应当贯穿于婚姻家庭生活的整个历程，归纳起来可从两个方面进行调适：（1）适应婚姻，调整自我，相容互补。（2）加强沟通，学会理解，化解矛盾。

（二）亲子关系

1. 关于亲子关系

亲子关系是指父母与子女的关系，它是家庭中仅次于夫妻关系的重要人际关系。它是直系血亲关系在家庭人际之间的具体表现形式。亲子关系是家庭中由血统继承相连接的感情关系，是人类无法选择和不可解除的关系。即使父母离婚，其中一方或双方已不同子女生活在一起，不尽责任和义务，而亲子关系却依然存在着。这种关系之所以天长地久，因为它包含着人类种族延续、生命延传的深刻内容。人类所创造的物质文化和精神文化，很多是通过家庭人际间的纵向代际关系向下传递的。

家庭称得上是文化传承的单位，没有文化的创造和传递，便没有社会文明的发展和延续。然而，在社会文化的传递中由于社会历史条件的不同，使上下两代人的思想意识、心理状态、价值观念、生活态度、兴趣爱好等方面产生矛盾形成隔阂，这就是人们常说的“代沟”。代沟是当代社会客观存在的现象，是不可回避的现实问题，它主要是新一代合理与非合理的创新要求与行为，同老一代人的深思熟虑，有时也趋于保守思想与行为方式交织在一起的某种不相融性。

2.《婚姻法》对亲子关系的解释

我国《婚姻法》（修正案）第 21 条至第 27 条，对父母子女关系做了以下明确的规定：

（1）父母对子女有抚养教育的义务。我国《婚姻法》（修正案）第 21 条规定：“父母对子女有抚养教育的义务；父母不履行抚养义务时，未成年的或不能独立生活的子女，有要求父母付给抚养费的权利。”这一法规说明，抚养教育子女既是父母应尽的义务，又是子女应享的权利。

（2）父母对未成年子女有保护和教育的权利和义务。我国《婚姻法》（修正案）第 23 条规定：“父母有保护和教育未成年子女的权利和义务。在未成年子女对国家、集体或他人造成损害时，父母有承担民事责任的义务。”这一法条秉承了 1980 年《婚姻法》的立法宗旨，加重了父母教育未成年子女的责任，拓宽了他们为未成年子女承担民事责任的范围，兼有亲权和监护的含义。

（3）子女对父母有赡养扶助的义务。我国《婚姻法》（修正案）第 21 条规定：“子女对父母有赡养扶助的义务。子女不履行赡养义务时，无劳动能力的或生活困难的父母，有要求子女付给赡养费的权利。”这一条款说明，父母子女间的权利义务是对等的。父母抚养了子女，对社会和家庭尽到了责任。当父母年老体衰时，子女也应尽赡养扶助父母的义务。养老育幼是我国人民的传统美德，它是建立在亲子关系平等的基础上的。

（4）父母子女有相互继承遗产的权利。我国《婚姻法》（修正案）第 24 条规定：“父母和子女有相互继承遗产的权利。”这一权利是基于双方的特定身份而产生的。依照我国继承法，子女和父母互为第一顺序的法定继承人。父母死亡时，子女有继承他们遗产的权利；子女死亡时，父母有继承他们遗产的权利。父母子女均为独立的继承主体。子女，包括婚生子女、非婚生子女、养子女和有抚养关系的继子女；父母，包括生父母、养父母和有抚养关系的继父母。形成抚养关系的继子女和继父母，具有拟制直系血亲关系，继子女继承了继父母遗产的，仍可以继承生父母的遗产。但是，继子女如果已依收养法被继父或继母收养，则不得继承不与其共同生活的生父或生母的遗产了。在具体分配遗产时，遵循继承法的遗产分配原则、方法，使父母或子女的继承权得以实现。如果子女先于父母死亡的，分割父母遗产时，先死亡子女的晚辈直系血亲享有代位继承权。被继承人死亡时尚未出生的胎儿，依法应为其保留继承份额。

亲子关系是我们每个人来到世间的第一个人际关系，它对人们的健康成长起着十分重要的作用。在亲子关系中，最常见的是亲子间在不同发展阶段上的适应困难问题。也就是说，有些父母与子女在某阶段可以相互适应，但到了另一阶段则无法相处。有些父母能照顾抚养日夜啼哭的婴儿，但难以管教行动自如的幼儿；有些父母能应付依赖性较强的孩童，但无法与青春期的子女和谐相处。因此，亲子关系的调适是父母子女必须重视的问题。

3. 亲子关系的调适

（1）父母对子女。父母对子女的关系，是亲子关系中的主导关系，特别是在子女的成长发展中，父母与子女的关系，会对子女的成长发展产生十分重要的影响，那么父母应如何处理好与子女的关系呢？一是观念要更新，要能与时俱进。二是要正确地评价子女，在评价子女时，一定要尊重子女，保护子女的自信心。三是要加强交往和沟通，缓解两代人在认识事物上的矛盾，求同存异。

（2）子女对父母。子女对父母的关系，是从从属关系向主导关系转变的一种亲子关系。因此，子女在这种关系中，应尊重父母，虚心向父母学习，与父母产生共识。多与父母交流，让父母理解自己。在面对矛盾与冲突时，要学会“以柔克刚”，或幽默淡化处理，避免正面冲突。在成为主导角色后，更应主动关心、体贴父母，在家庭中扮演合适的角色。

（三）其他家庭关系

家庭中除主要人际关系，即夫妻关系和父母子女关系外，还有其他人际关系。其中祖孙关系、婆媳关系和兄弟姐妹关系，是家庭其他关系中的三大基本关系。此外，翁媳、岳婿、姑嫂、叔侄、姑侄、舅甥、姨甥以及妯娌、连襟关系等，一并构成了较为复杂的家庭人际关系网络。

1. 祖孙关系

祖孙关系是一种隔代的直系血亲关系，包括祖父母和孙子女、外祖父母和外孙子女的关系。人们常说："隔代亲。"的确，祖父母、外祖父母很少有不疼爱自己的小孙孙（这里说的小孙孙包括孙子、孙女、外孙子和外孙女）的。

祖父母和外祖父母都有过养育子女的经历，积累了丰富的经验。由祖辈照看孙辈，确有许多优点：一是有利于解除孩子父母的后顾之忧；二是可以减少幼儿养育过程中的人为失误，有利于幼儿的身心发育和身体健康；三是有利于老人消除晚年的孤独、寂寞，为晚年生活增添乐趣。

但隔代抚育也有不利因素，一是祖辈比较溺爱孙辈，视孙辈为掌上明珠，娇纵和一味顺从，使其在发展上容易出现偏差；二是祖辈慈祥和蔼，在与孩子朝夕相处中，不像父母那样严格要求，使孩子同父母的感情不如同祖辈的感情深，甚至产生隔阂，带来新的家庭问题；三是祖辈和孙辈因隔了一代，在年龄、性格、爱好、知识兴趣等方面存在一定差异，对孩子的引导和教育上，存在一些行为上的偏差，易形成教育的"脱代"现象。

鉴于"隔代抚育"的利弊，应该怎样处理祖孙关系呢？首先，祖父母要认识到孙辈不是自己感情赖以寄托的私有物，自己也不是第三代的保护人，为了孙辈的健康成长，在三代同堂的家庭中，应以第二代人为核心。其次，祖辈应与父辈一致地对待孙辈，不放纵，不娇惯，使孙辈察觉不到父母和祖父母之间的情感差距。当父母和子女发生矛盾时，祖父母应起协调缓和作用，要维护第二代的尊严，树立父母威信，在第三代心中树立起祖父母既慈祥又有原则的形象。

2. 婆媳关系

婆媳关系是指婆婆与儿媳的关系，它是以儿子为中介连接起来的姻缘关系，不存在直接的血缘和姻缘关系。婆媳关系是家庭关系中最微妙、最难处的一种关系。由于婆媳关系是由她们共同爱着的男人联系起来的，因此，她们的关系更像是一种同事的关系，即共同合作为家庭的稳定、幸福作出自己的努力。其实这样定位两个人，就很好理解他们之间的关系了。首先她们应该是一种平等的关系，双方互相尊重，有共同的目标；其次她们应逐渐关注对方的个性特点和处事原则，为建立更加熟悉的关系奠定基础。

现代婆媳之间的矛盾和差异主要是代际之间的价值观、生活方式和观念不同造成的。要处理好婆媳之间的关系，应注意这样几点：

（1）婆媳之间应当相互尊重，相互接纳。这需要婆媳双方承认对方有独立的人格和经济地位，双方之间的关系是一种平等的人际关系，而不是一种一方必须依从于另一方的支配与被支配的关系。认识到这一点很重要，如果双方或一方对这种关系缺乏正确的认识，认为必须或应该听从、服从自己，从而把这种平等的人际关系视为支配与服从的关系，则必然会在行动上、态度上表现出来，由此导致双方关系的失调。

（2）婆媳之间要理解和尊重双方的价值观。价值观是指一个人对周围的客观事物（包括人、事、物）的意义、重要性的总评价和总看法。婆媳由于生活在不同的年代，生活环境的不同、受教育程度的不同，其价值观也不相同。因此，婆媳之间应相互理解和尊重对方的价值观，在求同存异的基础上共同管理好家庭。

（3）婆媳之间应当家事相商、互尽义务。家庭在婆媳共同生活时，是其共同管理的一个“机构”，要管好这个“机构”，婆媳之间应学会商量，这要求双方协商处理家事，如家庭重要的经济开支、涉及全家的相关事物等，应养成协商解决的民主家风，而个人“私事”，则互不干涉，互享自主。

3. 兄弟姐妹关系

兄弟姐妹关系是由父母子女关系衍生出来的一种家庭关系。包括兄弟、姐妹、姐弟、兄妹四种。它是旁系血亲中血缘联系最近的一种，由于他们自幼生活在一个家庭中，有一种天然的亲密感。

（1）兄弟姐妹关系的特点。一是横向关系中也包含着纵向关系。亲子之间是上下两代人的纵向人际关系，兄弟姊妹之间则是同代人的横向人际关系。兄弟姊妹之间因年龄差距，相互关系不尽相同。其横向关系中也包含着纵向关系的因素。二是伙伴关系。亲子关系的基本特征是抚养赡养关系，是无条件的；而兄弟姊妹之间不是相互扶养关系，即使有，也是有条件的，他们是家庭内部的伙伴关系。三是亲子关系既有血缘基础又有经济基础，一般不受外在因素影响，而同胞关系虽有血缘基础，却无经济基础，常受家庭中其他人际关系的影响。

（2）兄弟姐妹关系的影响。兄弟姐妹关系对人的发展会产生一定的影响，这种影响主要表现在可以促进与加速人的社会化过程。当家庭中有兄弟姐妹时，家庭关系会发生变化，此时的孩子，不仅要同长辈的父母相处，还要与同辈的兄弟姐妹相处。兄弟姐妹间的朝夕相处与矛盾分歧，兄弟姐妹间的相互交往与共同成长，会使孩子多一份成长的体验。因此，有人说“家中十子，十子十样”，确实，家庭中如有两兄弟的，长子常常自制力强、稳重、谨慎，次子则依赖性强、活泼、任性。由此可见，兄弟姐妹关系对人发展的影响。

第四节　现代家庭人际交往中的实用礼仪

情景案例

宜珍和倩倩是好朋友，周末宜珍邀请倩倩到自己家做客，倩倩高兴地答应了，当倩倩走进宜珍家时，发现宜珍家还有其他人，原来那是宜珍父母的朋友，倩倩大方地向阿姨叔叔们问好，和宜珍玩得很开心。

吃饭的时间到了，宜珍父母请年长的朋友上座，大家相互谦让着，正在这时，倩倩和宜珍也来到了饭厅，倩倩看着大家左请右让觉得十分麻烦，干脆自己坐在了上座的位置上，大家一下子安静了下来……

倩倩的行为对吗？在家庭人际交往中，作为现代女性要遵守基本的交往规则与礼仪吗？

一、关于社交礼仪

关于社交礼仪，在“百度百科”中是这样解释的：社交礼仪是人们在人际交往过程中所具备的基本素质、交际能力等。具体地讲，礼仪是在人际交往中，以一定的、约定俗成的程序方式来表现的律己敬人的过程，这种过程通过两种行为表现出来，一种是行动性的，如给乘车的老人让座；一种是非行动性，如在庄严的场合不嬉笑等。在不同的社会交往场所，有着不同的规范礼仪，对不同规范礼仪的遵守，常常能反映一个人，一个家庭乃至一个国家的精神文明风貌和道德修养。

确实，随着社会的发展，社交礼仪在人际交往中的作用越来越显现。通过有礼仪的社交，人们可以沟通心灵，建立深厚的友谊，获得帮助与支持。因为，在不同的社会条件下，追求和谐亲密的人际关系，是人类的共同本性，不论社会条件如何，人们都需要交往，而只有渗透礼仪的交往，才能帮助人们建立和谐亲密的人际关系，才能同他人友好相处，合作共事。通过有礼仪的社交，人们可以互通信息，共享资源，对事业起到事半功倍的效果。今天，随着职业流动的经常化、人际关系的契约化，使人们必须不断地面对陌生的交往对象和生存环境。因此，社会交往的过程，就是交往双方互相认识、互相体验、行为趋同的过程，更是交往双方互通信息、共享资源的过程。但这个目的的达成，必须通过有礼仪的社交。因为，只有渗透礼仪的社交，才能使交往双方彼此平等、享受尊重，才能使交往双方彼此信任与理解。因此，从某种意义上讲，社交礼仪是实现感情交换的良好途径，也是消除距离感建立情感关系与合作关系的良好手段。

家庭是社会的一个组成部分，家庭成员除了处理好家庭近邻的人际关系，还要与社会其他成员友好往来、和睦相处。比如同事之交、同学之交、朋友之交、老幼之交等。家庭在协调人际关系时，同样须遵循人际交往的基本原则，懂得社会交往的规范礼仪，这是现代文明生活方式的基本要求。

家庭作为社会的细胞，其人际交往礼仪与其他社交礼仪一样，有着丰富的内容，从内容上看有仪容、举止、表情、服饰、谈吐、待人接物等；从对象上看有个人礼仪、公共场所礼仪、待客与做客礼仪、餐桌礼仪、馈赠礼仪、文明交往等。但家庭特殊的人际关系，又使其礼仪具有特殊的内涵，它要求家庭人际交往中，更多地渗透亲情，更好地体现关爱。因此，我们这里所讲的家庭人际交往礼仪，主要从实际需要考虑，介绍几种家庭人际交往中的实用礼仪，如基本社交礼仪、待客与访客、赠礼与探望等。

二、家庭人际交往中的实用礼仪

（一）家庭社交礼仪

家庭社交与一般意义上的社交有所不同，它是家庭成员或家庭整体与家庭之外的个人或群体（包括组织）的相互作用，是以家庭外部的个人或群体为对象的一种活动方式。家庭社交的对象常分为两种：一种是自然形成的社交对象，如亲戚、邻居及家庭成员的师生、同事等；一种是人为经营的社交对象，如家庭成员的朋友、家庭成员的婚恋对象、家庭本身的友好家庭（如世交）等。

家庭社交作为一种特定的社交形式，具有满足家庭成员心理需要的功能，交流和传播信息的功能，实现家庭成员的社会化的功能和社会人际关系的功能。因此，家庭社会交往是家庭成员的一种重要的生活方式之一。

1. 家庭社会交往中的说与听

（1）寒暄。寒暄是指见面时谈天气冷暖和生活琐事等应酬语。它是社会交往的一种手段，是沟通彼此之间感情，创造出和谐气氛的一种方式。

家庭社交中的寒暄要体现出坦率、真挚和热情，说话时委婉而又恰到好处，言语不宜过多，同时还应注意长幼之分、男女之别，以及各自熟识的程度。与长辈相遇，应表示谦恭，与同辈相遇应表现真诚，与晚辈相遇应表现热情。

（2）打开话匣子。打开话匣子是家庭社交“说”的重要环节，在打开话匣时，应先给对方一个友善的微笑，在对方身上找到你确实欣赏的东西，并诚恳的赞美对方。选择众人关心的事件为话题，或巧妙地借用彼时、彼地、彼人的某些材料为话题，或采用投石问路等方式，从谈论天气、事实、兴趣等大众话题入手，顺利地进入话题。在家庭社交的谈话中，同样要避免对方的年龄、收入、对方的私生活，以及宗教、信仰、政治、性等话题。

（3）做理想的聆听者。聆听是指集中精力认真地听。在家庭社会交往中，倾听能使对方感觉受到尊重，能洞察人们心扉，能增加对他人的了解，能获取更多的信息，还能提高说话的兴致，鼓励对方更好地把话讲下去。因此，聆听是家庭社会交往中“听”的重要形式之一。

做理想的聆听者是有一定条件的。一是应专注，也就是集中精力，在聆听中理解讲话者的意思；二是移情，即把自己置于说话者的位置理解问题；三是接受，就是客观地聆听，不先入为主地作出判断；四是完整，即从沟通中获得说话者所要表达的完整信息和意思。

在家庭社会交往中，有时倾听就是在交流，特别是对于年长者，能专注地听就是给予他们最大的尊重和认同。

2. 家庭社会交往中的坐与吃

（1）关于坐。“坐”有两种解释，一是坐的姿势，二是坐在什么位子，以及如何坐。这里所说的是后者，即在家庭社会交往中，特别是正式的家宴或邀宴时，从礼仪上讲，应该如何坐？

在我国礼仪中，强调上席为尊，因此，在正式的家宴和邀宴时，应尊重传统安排座位。一般而言，中式圆桌，主宾位置是离门口最远，且面对门的位置，也就是上位；主人夫妇则坐在最靠近门口，且背对门的位置，也就是下位。坐的时候，男左女右，女主宾坐在男主宾右侧，次主宾夫妇坐在主宾左侧，再次主宾坐在主宾夫妇右侧。但非正式场合，只要主人与主宾坐定，其他人就可随意入座。中国人注重伦常圆满，因此一般都是夫妻同坐。

当座位安排好后，我们还应讲究长幼有序，通常坐下时，先让主宾坐定后，依序次主宾再坐下，最后才是主人坐下。若有长辈在场，应请长辈先入座，坐定后晚辈再坐下。如果没有长辈和主宾，应请女士优先入座，此时邻近的男士应替女士或年长者拉开椅子，然后自己再以右手拉开自己的椅子，从椅子左边入座。

资料卡

关于“上席”的传说

吃饭时候座位的重要性，从我们的老祖宗辈起就知道了。当时的人每当收到邀宴请帖，都会烦恼不安，因为不知道邀宴的真正目的是鸿门宴呢？还是真正的宴请？于是赴宴用餐时，客人会非常紧张。为了让客人能放心地享用美食，主人安排被请的主要客人坐在面对门的位子，这里离门最远，绝不会有刺客从背后暗杀，如有任何异动，客人可以马上看到进门的人及突发状况。为进一步表明主人没有恶意，背对门的位置则由主人来坐，这样的安排也方便主人和主宾之间面对面地说话。

就这样，代代相传流传至今，因此在圆桌用餐时，面对门的位置就是上位，由主客来坐；背对门的位置则是下位，由请客的主人来坐。

(2) 关于吃。我国是一个讲究民以食为天的国家，吃不仅是人们生存的需要，也是家庭社会交往的手段之一。在“吃”这个饮食活动中，同样蕴含着社交礼仪。

一般用餐时须温文尔雅，从容安静，不急不躁，口内有食物，应避免说话，取菜舀汤，应使用公筷公匙。

在使用餐具时，应特别注意餐具使用中的礼仪行为。

在使用筷子时，不论筷子上是否残留有食物，都不要舔食，而应将食物直接送入口中。在和人交谈时，应暂时放下筷子，不要一边说话，一边挥舞筷子。进餐时不要把筷子竖插在食物上，因为这种做法十分失礼。进餐中，只能用筷子夹取食物，不应用筷子剔牙、挠痒或是做与夹取食物无关的事情。

勺子的主要作用是辅助取食，主要用来舀取流质的菜肴和食物。因此，在正式家宴时，应尽量不要单用勺子去取菜。用勺子取食物时，不要过满，以避免溢出弄脏餐桌或衣服。用勺取食后，应将食物放在自己的碟子或碗里，再一勺一勺地进食，不要直接将取食的食物送到嘴里。暂时不用勺子时，应将勺子放在自己的碟子上。

使用餐巾是正式邀宴的一个环节，它是用来承接可能滴落在身上的汤汁或食物，以及擦拭残留在嘴角的食物的。因此，用餐前应先将餐巾对折，开口朝外平放在大腿上。正式邀宴中，如见女主人将餐巾放回餐桌，则表示用餐已结束，客人也应将餐巾稍加折叠放回桌上，结束进餐。

（二）家庭待客与访客

1. 待客

家庭社会交往中，待客是一件常事也是一门艺术。待客讲究热情、周到、礼貌，如果不注意待客礼节，不仅会使客人不悦，甚至会失去朋友。

客人来到门前，应主动出门迎接，请客人进屋。如果客人是第一次来访，应介绍给家里其他人，并互致问候，然后热情地给客人让座、上茶。上茶时，茶应倒八分满，并用双手递送，同时给会吸烟的客人递烟。与客人交谈时要心平气静，不要频繁看表或呵欠连天，如客人逗留时间过长，可减少谈话，或只听不说。如客人带来了礼品，主人应表示谢意，并在送客时适当还礼。

送客时一般应送到大门口或街口。常客、老熟人或一般来访者，也可随意一些，送出门口或送到楼梯口，致意告别即可。

2. 访客

走亲访友是家庭社会交往的重要内容之一。一次理想的拜访，不论时间长短，都应轻松愉快。要获得做客的最佳效果，就必须懂得做客的礼节，讲究做客的艺术。

访客前应通过电话预约访问时间，并尽量避开吃饭、午睡、主人家最忙的时间。到达主人家时，应敲门或按门铃，听到主人招呼后再进门。进屋后，见了主人的家人，无论熟悉与否，都要微笑点头致意或握手问候，待主人说“请坐”后再坐下。主人递茶点烟时，要站起来，说声“谢谢”，并用双手接过来。在主人家，即使你们来往频繁、非常熟悉，也不要东走西逛，或随意参观主人没有邀请你去的房间。

访客的时间不宜过长，一般逗留 30 分钟至 60 分钟为宜。一旦告辞，只要主人不执意挽留，就应起身道别，对主人的家人、朋友致意。如主人送你出门，则应回身说“请回”，或“请不要送了，谢谢”，或“请留步”等礼貌用语。

（三）家庭赠礼与探望

1. 赠礼

赠礼作为现代家庭社会交往的方式之一，运用十分广泛。如何在赠礼中体现文化和礼仪？一般赠礼应考虑礼品对受礼者的特殊意义，即是节假日的慰问，还是婚丧寿诞的拜望；是乔迁之喜的恭贺，还是离别的留恋。其次要考虑受礼者的需要、爱好，选择实用的礼品。三是礼品要送得及时，并要当面赠送，真诚地表达送礼的原因和心意。四是礼品应包装，并在包装前将礼品的价格标签取掉，易碎的礼品一定要装在硬质材料的盒子里，并填充防震材料，并选择适合的礼品纸。五是赠礼时应双手奉送，或者用右手呈交。

资料卡

不适宜赠送的物品

刀：赠送刀子被认为含有一刀两断的意思，应避免选作礼品。但有两种刀有时可以作礼品赠送。一种是特别富有民族特色的礼品刀（如阿拉伯弯刀），另外一种就是瑞士军刀。很多国家的男性都很喜欢这两种刀。

钟和鞋子："送钟"与"送终"读音相同，为大不吉，切忌以钟送人。鞋子往往被认为不洁或不吉利，也应避免作为礼品。

药品：药品与疾病、不健康或死亡相联系，一般也不应作为礼品。但保健品在很多国家受到欢迎，因此，保健品是适宜的送礼佳品。

2. 探望

探望，亦称探视、探访，这是一项较为特殊的家庭交际活动，是对家人、亲友、同事、同学患病时的特殊慰问，这里也蕴含有社会交往的礼仪。

若去医院或疗养院探望病人，应当遵守院方规定的时间。如病人在家休养，则以下午前去探访为宜。

探望生病亲友的目的，是要充当"社会护理"角色，给予病人一些安慰，并予以必要的帮助，因此停留的时间不宜过长，一般一刻钟至半小时为宜。如病人精神较好，或颇感寂寞，在其挽留之下多呆一会儿是可以的，但最好不超过 1 小时。在病人面前，表情应自然、亲切、一如既往。谈话应尽量选择轻松愉快的话题，多谈病人关心感兴趣的事，以转移对方的注意力，减轻精神负担。

探望病人携带礼品，要先了解病人的患病情况，选购有利于康复的食品，还可考虑送一些精神礼品，如轻松的消遣书、幽默的漫画、优雅的音乐磁带等。告别时可询问病人是否有事相托，并祝愿病人早日康复。

资料卡

探望病友鲜花的选择随便不得

在探望病人的过程中，我们常常看到这样的情景：亲朋好友携带慰问品和鲜花探视，以祝早日康复。其实探望病人时送鲜花未必是件好事，有可能还是隐形杀手。

1. 鲜花里隐藏的病原菌，容易使化疗的病人、血小板低的病人出现感染，严重的甚至威胁生命。因此，在探视血液科的病人时，家属应尽量戴口罩，患感冒的家属不要出现在病房，如果送花，最好送绢花；在探视烧伤、外伤、刚动过手术的病人时，最好也不要送鲜花。

2. 鲜花里常见的过敏源，容易引发过敏性鼻炎、皮肤荨麻疹，还特别容易引发婴幼儿哮喘。因此，探望皮肤科的病人和呼吸系统疾病的病友，也不要送鲜花。

3. 鲜花在晚上会停止光合作用，进而消耗氧气，排出二氧化碳，如果病房里鲜花过多，会与病人争夺氧气，并对心血管病人、呼吸道病人、产妇及新生儿造成不良影响。因此，看望这类病友也不宜送花。

相关链接

与本章节相关的阅读书籍与网络

1. 黄爱玲：《女性心理学》，暨南大学出版社 2008 年版。

2. 邓琼芳：《经营婚姻是女人一辈子的事业》，北京工业大学出版社 2011 年版。

3. 婚姻家庭网

4. 中国礼仪网

思考与练习

1. 什么是情感？人的情感发展经历了哪几个阶段？

2. 什么是爱情？什么是婚姻？女性应树立怎样的爱情观和婚姻观？

3. 现代家庭的人际关系有什么特点？子女应如何与父母相处？

4. 家庭人际交往有哪些基本礼仪？请以探视病人为例，说说正确的探视方法。

第五章
女性与家庭文化

本章导学

- 理解家庭文化的内涵，把握家庭文化的内容与功能。
- 了解现代女性在家庭文化建设中的作用。
- 掌握建构良好家庭文化的途径和方法。

家庭文化是文化在家庭的呈现形态，是与一定的生活方式相联系的具有显著时代特征的文化现象。因此，家庭文化往往体现出家庭生活的质量和家庭成员的人文素养，在现代社会，家庭文化建设已成为家庭建设的重要内容之一。那么，现代女性应如何构建科学、文明、高雅、轻松的家庭文化，使家庭成员不仅能感受到家庭的温馨，还能在家庭文化的熏陶下提高自身修养完善自己？这正是本章要解决的问题。

由于家庭文化是文化在家庭中的呈现形态，因此，家庭文化对家庭成员的生活方式、行为习惯、性格修养起着重要的作用。良好的家庭文化如春风化雨般滋润着每一个家庭成员，使家人感受到文化带来的满足与惬意。现代女性，作为家庭成员之一，用自己特有的方式，在家务料理、子女教育、房屋设计等方面，用自己的智慧和素养，构建着家庭文化，诠释着家庭文化的内涵，并逐渐形成家庭特有的文化。

第一节　家庭文化概述

情景案例

为孩子朗读是巴巴拉·布什的教育诀窍。巴巴拉·布什的身边有两位总统，一位是自己的丈夫美国总统乔治·布什，另一位是自己的儿子小布什。对于老布什，巴巴拉是一位不可多得的贤内助；对于小布什，巴巴拉则是一位优秀的母亲。

巴巴拉称“为孩子朗读”是她的一套独特的“祖传”诀窍。在她小的时候，她的父母经常给她读书，用书中的道理来启迪她，这对她的成长起了很大的作用。她说：“在家中给学龄前儿童朗读，会在他们幼小的心灵留下深刻印象，这是重要的学前一课。”巴巴拉继承了这一方法，在自己有了孩子以后，多年坚持组织“家庭朗读”活动，使她的孩子们在朗读中吸取知识，感悟人生。

巴巴拉用读书的方式营造了一个家庭学习文化的氛围。现代女性在营造家庭文化氛围时，除了读书活动外，还有哪些活动内容和方式，可以营造良好的家庭文化氛围呢？

一、现代家庭文化的内涵

对于“文化”，不同的人有着不同的见解。有人说文化是一种现象；也有人说文化是一本一本摞起来的书，究竟什么是文化，至今也没有一个定论。大致来讲，文化是指一个国家或民族的历史、地理、风土人情、传统习俗、生活方式、文学艺术、行为规范、思维方式、价值观念等。

家庭文化作为一种文化现象，是人类文化的重要组成部分，有着十分丰富的内容。一般而言，家庭文化是指家庭的物质文化和精神文化的总和。家庭文化属于社会科学范畴，指的是一个家庭在世代承续过程中形成和发展起来的，较为稳定的生活方式、生活作风、传统习惯、家庭道德规范以及为人处世之道等。家庭文化是建立在家庭物质生活基础上的家庭精神生活和伦理生活的文化体现，既包括家庭的衣、食、住、行等物质生活所体现的文化色彩，也包括文化生活、爱情生活、伦理道德等所体现的精神情操和文化色彩。

我国古代，虽没有家庭文化这个概念，但家教、家训、家规、家诫、家礼、家书、世范等有关家庭文化的著作却很多。从这些著作中可以看到，作者的家庭文化视野开阔，家庭文化涉及的内容也相当广泛。如我国南北朝时期著名的教育思想家与文学家颜之推所著的《颜氏家训》所涵括的家庭文化的内容，就有“教子、后娶、治家、风操、勉学、文章、涉务、止足、养心、音辞和杂艺”等共二十项。清朝学者朱柏庐的《朱子家训》（《治家格言》）篇幅虽短，但涉及的内容也很广泛，如修身、治家、做人、家教、家规及家人与国家的关系等。

若把我国古代家庭文化做一概括，其主要内容有：居住、服装、饮食；修身齐家；教子做人（重道德教育、文化教育）；家庭礼仪；道德行为规范；文章与杂艺。

从现代文化学的观点看，古代的家庭文化所涵括的内容是很宽泛的，至于有缺乏系统性、理论性的缺点，那是因为还没有形成一门完整的学科的缘故。

现代社会，家庭是社会的细胞，是社会的基本单位。家庭文化是社会文化的组成部分，是社会文化的一个缩影，社会文化则是家庭文化的综合、归纳与升华。

资料卡

关于家庭文化

何谓家庭文化？就是一个家庭在它的组合之初以及发展的过程中，形成的一种有着重要影响力的环境和氛围。家庭文化的内涵和外延十分丰富，它贯穿于科、教、文、卫、体诸多方面，是陶冶情操、丰富人们精神文化生活的有效载体，特别是在家庭美德建设中具有重要的渗透力。

家庭文化的最大受益者或受害者是家庭成员，可以说，有什么样的家庭文化就会有什么样的家庭未来。一个良好的家庭文化，对保持家庭发展的生命力与稳定的持续力起着积极的推动作用。夫妻互爱互敬，孩子健康活泼，家庭民主有活力，邻里社会关系和谐，这样的家庭怎能不幸福？怎能不快速发展？怎能不具有持久的生命力？反之，低级、不健康的家庭文化会使家庭出现问题，如果夫妻争吵不和，家庭成员间出现信任危机，孩子在成人的夹缝间游离，邻里社会关系不和谐，这样的家庭文化会使家庭走向何方，其结果可想而知。

因此，家庭文化建设已得到社会各界越来越广泛的重视。

二、现代家庭文化的具体内容

现代家庭文化是一个有着丰富内涵的概念，其核心内容是通过家庭提升人性的美德，通过家庭达到文化育人的目的，通过家庭铸就家庭成员的精神与信仰。那么现代家庭文化的具体内容是什么呢？

1. 家庭的组建及家庭成员关系的建立

组建家庭是家庭文化建设的基础，在组建家庭的过程中，体现家庭文化的主要内容是择偶的条件，一般在择偶的过程中，集中体现了家庭的观念和个体的文化底蕴。过去，家庭主要成员的择偶观念对家庭成员的影响最大，甚至可以起决定作用，今天，随着时代的发展与进步，自主择偶已非常普遍，在择偶条件上，也更多地倡导把感情建立在平等、互助和共同的理想之上，建立在志同道合的基础之上。

组建家庭后，在家庭文化建设中面临的一个重要任务是建立家庭成员间良好的关系，因为，一个家庭，除配偶外，还有父母、子女、兄弟姐妹和亲属。如何与彼此的父母相处，如何处理好家庭成员间的关系等，是家庭文化建设的重要内容。

2. 家庭经济管理

当一个家庭诞生后，首先面临的就是家庭经济管理。其实家庭成立后，人们不仅靠感情维持婚姻，也靠家庭经济支撑婚姻。因此，在市场经济条件下的现代社会，家庭经济管理是家庭管理的重要内容之一。在家庭经济管理中，同样渗透有家庭文化的内容，如勤俭节约、善于理财，才能丰衣足食；不忘孝道、尊老爱幼，才能家庭和睦等。当然，随着社会的发展与进步，现代家庭经济管理也具有了时代特色，一方面要求现代女性要量入为出，厉行节约，不攀比；另一方面要求现代女性要学会用科学知识指导消费，使家庭财产能增值。

3. 家庭民主气氛的确立

家庭民主气氛的营造，是一种文化，是一门学问，也是一种艺术。人的一生有三分之二的时间是在家庭中度过的。实践证明，在一个宽松、和谐的家庭气氛中长大的孩子，一般都具有健康的心理和开朗随和的性格；相反，如果家庭气氛紧张、不协调，孩子的性格容易变得孤僻、暴躁、多变。因此，营造和谐、宽松、健康的家庭气氛，是家庭文化的重要内容之一。要营造民主平等的家庭气氛，要求家庭成员之间，应平等相处，这里的平等，一是男女平等；二是家庭成员间的平等。也就是说，家庭成员间互相尊重、有事协商、共同决策。

家庭民主气氛的建立还包含了家规的建立，比如，如何对待老人，如何教育子女，如何为人处世，等等。

资料卡

家庭文化与家庭生活

外向型家庭文化——夫妻性格比较外向，家庭生活的对外交往多，家庭成员喜欢社会交往，对生活的态度偏重乐观，家庭成员善于进行思想沟通，交流较多，比较重视和关注社会的新潮，敢于面对家庭中的各种困难。这种文化气氛下的家庭，具有健康向上、积极进取的优点，也存在着容易忽视家庭生活细节的不足。

生活型家庭文化——与夫妻性格没有直接的关系，比较看重家庭生活，与外界社会交往少，家庭成员的关系一般，但彼此依赖较多，家庭生活严谨有序，家庭成员和谐相处。这种文化气氛下的家庭，具有家庭较稳定、家庭生活较丰富的优点，同时也具有家庭生活容易拘谨、物质生活不太优裕的不足。

协作型家庭文化——也称群体型家庭文化，这种家庭，家庭成员交流多，家庭成员依赖性强，亲情浓厚，家庭成员的关系和谐，遇到生活中的困难容易得到家庭其他成员的帮助，家庭成员性格开朗，善于协作，家庭矛盾小，即使有矛盾也容易解决。这种文化气氛下的家庭，家庭活动多，家庭成员关系和谐，但也容易缺失自己家庭生活的个性。

功能型家庭文化——家庭成员独立，各自履行自己的角色，家庭角色意识强，日常交流少，按部就班地处理很多家庭事务，家庭中缺乏一定的生机，也不容易产生更多的矛盾。这种文化气氛下的家庭，矛盾较少，容易相处，但也缺乏亲情，一旦出现家庭矛盾，易出现原则性问题。

习惯型家庭文化——这种家庭比较传统，家庭生活以习惯为主，对家庭成员没有更多的要求，家庭成员间关系较好，亲情较浓，家庭中没有激烈的矛盾，但小矛盾较多，生活较平和。这种文化气氛下的家庭，生活比较轻松，但由于没有较高的物质要求，家庭生活较平淡。

4. 教子与养老

教子与养老是最能体现家庭文化内涵的内容。在中国几千年的发展史中，无不闪烁着下教子女，上养老人的文化美德，这些传统的文化精髓，伴随着家庭，一代一代地传承着，也一代一代地丰富着。如中国古代的孟母三迁、伤仲永、岳母刺字等教子故事，又如《孝经》《二十四孝》等，对今天的家庭教育仍然产生着一定的影响。

目前越来越多的现代女性，已深切地认识到家庭教育作为基础教育，在学校教育和社会教育中的重要作用，以及父母作为孩子的第一任老师，自身的文化修养对家庭文化建设的深刻影响。教子与养老，作为家庭生活的重要内容，将通过家庭成员间的交流，将家庭文化的内容演绎在家庭日常生活之中。

5. 家庭饮食、服饰与家庭环境

饮食是人类维持生命的基本条件。随着物质生活水平的不断提高，家庭饮食正从吃得饱向吃得好、吃得科学、吃得营养发展。家庭服饰包括衣服、鞋帽的穿戴及首饰、皮包、手表等小饰物的佩戴，家庭服饰常常体现出家庭成员的文化修养、审美情趣和生活习惯。在家庭饮食与家庭服饰中，我们是以实用、科学、舒适为原则，量力而行，还是盲目效仿，这里就渗透着家庭文化的内容。

同样，对家庭环境的布置与安排，以及家庭成员心理的调适等，也都渗透了家庭文化的内容。

6. 邻里关系

有一句俗话叫“远亲不如近邻”，它说明邻里之间互帮互济，礼尚往来一直是我国的优良传统。现在，人们的居住环境改变了，邻里之间的交往接触减少了，但邻里之间互相体谅、互相谦让、和睦相处的优良传统仍应保持，邻里之间主动承担公共责任，主动营造友善气氛的文化仍应坚持。

第二节 家庭文化的结构与功能

情景案例

菲菲的父母是农民工，经过十多年的打拼，开始有了相对固定的工作和相对稳定的生活。虽然父母的工资不高，但当菲菲从农村来到父母身边时，她还是感到了从未有过的温暖与安全。每天爸爸妈妈辛勤工作，菲菲在学校上学，晚上一家人聚到一起，吃完晚饭，菲菲帮妈妈整理完家务，妈妈会坐下来编织毛衣，爸爸看报纸，菲菲做功课。没有喧闹，只有平和。菲菲在这样的家庭里感到既踏实又幸福。是什么因素让菲菲有这样的感觉，你知道吗？你有一个什么样的家庭氛围呢？

一、家庭文化的结构

家庭文化的结构是指家庭文化品种、层次及其相互关系结合的状态。

家庭文化结构的优劣，直接制约和影响着家庭文化功能的发挥，如果家庭文化结构残缺或构架不合理，那么家庭文化功能就会相应地残缺或发挥不正常，其直接后果就是家庭成员，特别是儿童，在被家庭文化塑造心灵、人格的过程中，出现思想道德、价值取向、知识技术和行为模式上的扭曲、变态、残损和伤害等非文明的文化行为。现在，不少家庭屡屡出现家庭暴力、青少年犯罪等现象，有人把它归结为家庭教育的失误。其实从根本上讲，不是教育自身的问题，而是家庭文化的问题，即家庭文化残缺，或家庭文化功能扭曲的问题。

那么，家庭文化到底应该有个什么样的科学结构呢？我们认为，家庭文化结构应当是分层次、互相关联、相互渗透的，既有起导向作用的核心文化，又有起辅助作用的周边文化的综合体。

一般家庭文化结构分为三个层次，一是表层文化；二是中层文化；三是家庭精神文化。

家庭表层文化作为第一层次的家庭文化，主要是物质文化，它包括衣、食、住、行等物质层次的有形之物。

中层文化又叫制度文化，或行为文化，包括家训、家庭礼仪、道德规范、行为准则、理财原则和风俗等。作为制度，它是规范家庭成员行为的工具，是齐家修身的尺度和标准。俗话说，“家有家规，国有国法”。家规虽不是法律，但它具有法律的含义和效能，家庭的每个成员都必须严履谨行，否则，家庭就失去法度，将成为一个长幼无序、是非颠倒、混乱不堪的“王国”。

精神文化，包括道德观、世界观、价值观、宗教信仰和家风等精神领域的内容。家庭精神文化，是一个家庭主要成员的世界观、价值观的反应，是一个家庭的精神风貌和思想品格的外向展示。家庭精神文化引导着家庭成员的思想和行为，凝聚和整合着家庭成员之间的心志和情感。因此，家庭精神文化是家庭文化中最高的层次，也是家庭文化建设的核心。

家庭表层文化、家庭中层文化和家庭精神文化，在家庭文化建设中的作用是相辅相成的。其中，家庭制度文化是家庭精神文化在制度行为上的反映，家庭物质文化则是家庭精神文化的外化和“物化”。也就是说，一个家庭，有什么样的精神文化，就一定会有与之相适应、相匹配的家庭制度文化和家庭物质文化。换一句话说，一个家庭的制度文化和物质文化都是在家庭精神文化的指导下形成和发展起来的。

二、家庭文化的功能

功能是指事物或方法所发挥的有利作用。家庭文化的功能，则是指家庭文化在家庭发展中所发挥的有利作用。家庭文化的功能主要表现为：向导功能、陶冶功能、凝聚功能和品味功能。

1. 向导功能

家庭文化的向导功能是家庭精神文化功能，特别是世界观、价值观功能对家庭成员的教化和影响，致使家庭成员的思想意识和行为趋于统一和一致，并向着精神文化指引的方向移动和发展。一个家庭的生活沿着什么方向发展，不靠家庭成员的个性，而是靠家庭成员统一的价值观的导引。

2. 陶冶功能

我们说，家庭是一个染缸和熔炉，主要指家庭文化对家庭成员的熏陶而言。家庭文化有陶冶情操、铸造品格、塑造灵魂的功能。一个家庭有了上乘的家庭文化，特别是有了家风、家训、家教等家庭精神文化，家庭成员就会有好的思想品格，好的精神风貌和好的道德规范。相反，家庭就会出现家风败落甚至会出现各种腐败和败家子等。

3. 凝聚功能

家庭文化的凝聚功能主要表现在家庭成员对家庭价值观念的认同。家庭成员对家庭价值观念一旦认同，家庭所有成员的关系就会被一根无形的线连在一起，大家想在一起，做在一起，团结在一起。如此，家庭成员之间就会和睦相处，同甘共苦。

4. 品味功能

一个人有文化修养，就会在精神、气质上凸现出一定的品味和品格。家庭也一样，它的文化内涵越丰富，文化修养越高尚，其品格、品味就越上乘。

家庭的品味一般通过家庭成员品德及家庭的内、外部环境的面貌表现出来。一个家庭的文化品味一旦形成，它不但会进一步地影响家庭成员的思想行为使之趋于高尚，而且还会像产品的品牌一样，向公众和社会展示其高文化品味的家庭形象。

三、家庭文化的特点与发展趋势

（一）家庭文化的特点

所谓特点，是指人或事物所具有的独特的地方。家庭文化具有怎样的独特之处呢？

（1）家庭文化具有明显的时代性。由于家庭受时代的影响，因此，每一个家庭都带有强烈的时代烙印。比如中国封建社会的家庭，就带有浓厚的封建色彩，在封建宗法制度下，家庭由家长管制一切，而作为家长的，只能是男人。比如巴金先生的《家》所描写的就是一个具有浓厚封建色彩的家庭。

（2）家庭文化具有明显的社会性。东方社会和西方社会的家庭就有明显的民族、区域差别，从思想方式、行为方式、服饰、饮食到家居布置等，都明显地存在差异。比如西方社会比较注重儿童个性和独立能力的培养，尊重儿童自己的意愿和选择。而东方社会更注重对儿童的关心，有些时候甚至是包办代替。

(3) 家庭文化具有自发性和凝聚性。家庭成员之间有着密切的联系，他们根据各自的爱好和不同的特点，自发地开展活动，如摄影、观赏戏剧、音乐、郊游等，在活动中，家人之间感情融洽自得其乐，在不知不觉中，增强了家庭成员间的凝聚力。

(二) 家庭文化的发展趋势

由于家庭文化具有时代的特点，因此，在建立家庭文化时，要关注家庭文化的发展趋势，使家庭文化具有生命力。

那么，家庭文化的发展有怎样的发展趋势呢?

(1) 文明性。即家庭文化的内容应健康，应符合社会的行为准则和道德伦理标准，应具有时代的气息和特点。

(2) 科学性。即家庭成员应根据各自的特点和共同爱好，科学安排、合理组织文化生活，在多元文化中，选择适合自己家庭的文化活动，做到老少皆宜。

(3) 趣味性。即家庭文化应富有吸引力，能帮助每个家庭成员从紧张的学习、工作压力中，获得精神上的放松、陶冶和愉悦。

资料卡

家庭快乐生活方式

1. 中国人的快乐生活方式

中国人快乐生活强调三乐，即助人为乐、知足常乐、自取其乐。

2. 美国人的快乐生活方式

美国人的快乐生活方式，强调五个坚持。

坚持一个目的——以健康为目的;

坚持两个要点——要潇洒一点，要糊涂一点;

坚持三个忘记——忘记年龄，忘记疾病，忘记恩怨;

坚持四个有——有个老窝，有点老底，有位老伴，有群老友;

坚持五个要——要笑，要跳（活动），要俏，要唠，要放（放下架子）。

四、女性在家庭文化建设中的作用

有人说：如果家庭是一个桶，女性就是桶上的那道箍，没有箍，桶就散了。

那么，新时期家庭文化建设中，女性起着怎样的作用呢？

（一）女性的似水柔情让家庭文化的长度延伸

当两个生命结合在一起，共同步入婚姻也就有了家庭。由于每一个人来自不同背景的家庭，有不同的气质与不同的个性，因此，有许多地方需要调整，就如同两道河流，在其汇合处起初总有一个明显的分界线，但当你沿着河流走去，你就会惊奇地发现，在短距离内，所有浑浊与清晰都可以消失，两条河流完全合而为一。新生的家庭也是如此。此时，需要用包容和谅解之心来维系家庭的融洽，而此时的包容和谅解正是新建家庭的文化。

有了包容和谅解的文化基础，女性会用似水柔情帮助家庭走过文化融合的艰难时期。在意见分歧时理性地忍一忍，让“我们都冷静一下吧”流露的是水一样清澈的胸怀；在矛盾出现时智慧地让一让，避开锋芒以后的轻言慢语、条分缕析，显示的是水一样轻柔而坚定的雕琢。用似水柔情对长辈，那份体贴和善解人意能谱写出家庭和谐的曲子，孝敬长辈，尊重传统，就是给现代家庭文化注入新的活力。当新生命降临之后，母亲的柔情更能给家庭带来福音，使家庭文化向着未来生长，使家庭文化内涵的长度延伸。

因此，似水柔情滋养下的家庭，必定是平和而安详的，平和而安详的家庭，才有可能滋生幸福的种子，而有了幸福种子的家庭，才能建立起和谐的家庭文化。

（二）女性的智慧与创造让家庭文化的宽度拓展

“和实生物，同则不继。”把许多不同的东西结合在一起而使它们得到平衡，这样才能够使物质丰盛而成长起来。同样，一个家庭要保持生机和活力，就要有丰富而多元的家庭文化，这就需要女性的智慧和创造。

每一个新家庭的成立都是家庭文化融合的过程。男女双方来自不同的家庭，必然携带了各自家庭的文化基因，新的家庭文化是在原有家庭文化融合的基础上形成的，这个过程需要女性的智慧和创造。

那么，怎样的女性才是具有智慧和创造力的女性呢？

1. 智慧的女性，懂得珍惜

智慧的女性懂得珍惜生命中的任何获得与给予。在珍惜中善待自己，善待他人；在珍惜中品味生活的每一种味道，在珍惜中经营生活的每一个细节；在珍惜中把尊重演绎成家庭文化的基石。

2. 智慧的女性，懂得欣赏

人生的历程总不是一帆风顺的，风风雨雨、起起伏伏、酸甜苦辣、喜怒哀乐……智慧的女性知道，每一次经历都是财富。如果说人生如登山，那么在山的每一个角度，都会有不同的风景在等着自己，她永远不会为了山顶的极致而忽略山腰的璀璨。智慧的女人，会因欣赏而宽容，在欣赏家人的时候，会多去看自己喜欢的那一部分，会把美的东西放大，把丑的东西忽略，绝不会因为不可改变的不足而影响自己欣赏的心情。于是，智慧的女性会把快乐营造成家庭文化令人迷恋的内涵。

3. 智慧的女性，懂得把握尺度

进退自如，宽严适度。她总是给家人一个自在的空间，不违反家庭生活的原则又保留个人自由的空间。于是，她让宽容成为家庭和谐文化中滋养生命的阳光。

智慧女人的创造使一个家庭的文化总是不断地向宽度拓展，她会采撷时尚点缀物质的家园，她会营造惊喜丰富精神的家园，她会巧手理财积累富足的家园，她使家庭搭上时代、社会前进的大船折射出丰富的内涵。

（三）女性的善学上进让家庭文化的高度生长

一个家庭的文化高度是由家人的心灵高度决定的，高雅的情趣、高尚的追求，催生着高尚的家庭文化。

智慧的女性知道与时俱进的重要性，不管是在工作中还是在生活中，总是善于捕捉新信息，不断学习，和世界保持同步。一个家庭中，女主人的故步自封、停步不前，最容易让家庭陷入平淡和乏味，家庭文化的花朵也会因为缺少滋养而枯萎。而作为母亲，她的善学会给子女作出榜样；作为妻子，她的善学会给丈夫提供动力。一个善学的民族必定是强大而生生不息的民族，同样，一个善学的家庭也必定氤氲着文化的芬芳，弥散着太阳的香味。所以，智慧的女性永远都不会忘记，善学使自己和家庭魅力常在。

每一个家庭都会盛开出自己的文化之花。女性的柔情，让家庭文化之花长开；女性的智慧，让家庭文化之花常艳；而女性的善学，会让家庭的文化之花长久怒放。

第三节　家庭文化建设

情景案例

再过几天就是小明 4 岁的生日了，爸爸妈妈想买个生日礼物送给小明，爸爸觉得应该买高档玩具，妈妈觉得应该买本图书，可小明自己更想要游戏机。于是，在生日礼物的选择上，家人发生了矛盾。正在一家人举棋不定之时，张老师来家访了，大家将这个问题提给了张老师，想请张老师帮忙拿个主意，张老师看着小明家琳琅满目的玩具，笑着说：我觉得你们家缺少了一样东西，那就是图书。一个家庭，不仅要有物质玩具，更要有文化玩具，小明这个年龄正是模仿学习的时期，家庭文化会对小明的发展起重要作用……

你觉得张老师的话对吗？张老师的建议说明了什么道理？

文化建设从国家的角度讲，就是发展教育、科学、文学艺术、新闻出版、广播电视、卫生体育、图书馆、博物馆等各项文化事业的活动。它既是建设物质文明的重要条件，也是提高人民思想觉悟和道德水平的重要条件。

文化建设从家庭的角度讲，则是通过家庭教育、家庭活动、家庭环境等因素，培养家庭成员的文化素养和综合素质的活动。

一、家庭文化建设的内容

随着社会的进步和发展，家庭文化经历了一个由封闭到开放，由低级到高级，由自发到自觉的发展过程。特别是在家庭文化内容的建设上，经历了由偏重物质到注重精神，由低层次向高层次，由现代的、外来的到回归传统的、民族的发展过程。

那么，家庭文化建设的内容有哪些呢？

（一）家庭主体文化建设

家庭主体文化建设是指家庭文化核心层的精神文化建设。家庭精神文化建设的主要内容是树立正确的世界观、价值观和道德观。因此，在建立家庭主题文化时，必须采取有效的措施和方法。

1. 建立家庭图书室

建立家庭图书室是建设家庭主题文化的重要内容，是家庭成员自我学习、自我修养、陶冶情操、塑造品格的必备条件。在建立家庭图书室时，应购置、订阅一定数量的图书、报刊和杂志，并将图书进行分类，以供家庭成员阅读学习。

2. 建立读书学习制度

为保证学习的有效性，家庭成员必须在民主协商的基础上，订立一个有一定弹性的读书学习计划。这种学习计划，可以是家庭拟定的主题学习，也可以到社区去听讲座，亦可通过电视、广播，学习必要的科学文化知识等。

3. 形成检查习惯

检查是家庭成员对学习内容的学习效率进行有效督促的一种方式，有效的检查，可以保证家庭成员学习的积极性与有效性。

4. 拟定家规、家训

家规、家训是一个家庭文化建设的结晶，能从家庭管理与教育理念的层面，严格要求家庭成员，规范其思想行为，从而形成良好的家风。

（二）家庭休闲文化建设

休闲文化是人类生活的一种重要特征。它不仅是一个国家生产力水平高低的标志，更是衡量社会文明的尺度，是人的一种崭新的生活方式和生活态度。

随着社会的不断发展，家庭休闲文化建设已经成为家庭文化建设的重要内容，更是家庭生活不可或缺的内容。

那么，家庭休闲文化包括哪些内容呢？一是文化欣赏，如欣赏电视、电影、戏剧、音乐、舞蹈、美术等；二是情操陶冶的活动，如琴、棋、书、画的学习和操练；三是保健性的体育活动的开展，如打球、跑步、散步、练气功、游泳、登山、垂钓等；四是家庭旅游等。

在文化欣赏过程中，家长应特别注意学会引导家人正确地看电视。那么，应如何正确地引导呢？一是应合理控制看电视的时间。因为看电视的时间过长，会减少其他休闲活动的时间，特别是户外活动的时间，并诱发眼睛疲劳。因此，家人每天看电视的时间应控制在 2 个小时以内；二是应根据家庭文化的特点和家庭成员的需要，选择、引导、过滤电视节目，将积极、健康的电视节目作为家庭的首选；三是适当安排家人一起观看，边看边聊，在轻松惬意中，增进了解，形成对人对事正确的判断；四是将看电视和交流活动相结合，通过讨论提高家人的理解能力、思维能力、辨别能力以及口语表达能力等。

在情操陶冶的活动中，家长应特别注意引导孩子学琴。要将孩子学琴作为兴趣培养的方法，作为家庭文化建设的内容，而不仅仅是学习技能。那么，应如何正确的引导呢？一是要注意培养孩子的音准和节奏；二是要注意乐件的选择，应根据孩子的兴趣、身体特征和家庭经济条件选择乐件，不要人云亦云；三是要循序渐进，不要急功近利，要以培养家庭文化氛围和家庭成员的兴趣爱好为前提。

由于家庭文化中家庭健康的内容日益增强，因此家庭体育越来越被家庭所重视。家庭体育活动因其随机性大、感染力强、内容全面而广泛，正逐渐成为深受家庭成员喜爱的文化活动。那么，在开展家庭体育活动时，应注意什么问题呢？

一是要提供一定的活动器材，这些材料可以是购买的，如篮球、呼啦圈等，也可以是家庭成员一起自制的，如沙包等；二是家人应积极投入；三是应将体育活动与锻炼身体、与培养体育活动的兴趣紧密相连；四是应在体育活动中，培养自信、勇敢的品格并逐渐形成家庭体育的风格和开放的文化。

家庭旅游是以家庭为单位开展的旅游活动。随着社会的发展，家庭旅游已成为家庭文化生活的一个重要内容，那么在家庭旅游中，应注意什么问题呢？一是应量力而行；二是在选择旅游点后，应和家庭成员一起了解景点历史文化和相关旅游知识；三是相互配合愉快旅行；四是在旅游中体现家庭文化。

（三）家庭装饰文化建设

把家庭装饰当成一种文化，是现代家庭文化观念物化的结果，也是把装饰从物质层面提升到文化层面去认识的结果。

家庭装饰包括室内装饰和室外装饰。室内装饰包括装修、家具布置、家庭字画、家庭插花等。室外装饰包括树木的种植、景点的设计和环境绿化等。

在室内装饰文化中，字画作为艺术品，不仅具有赏心悦目的文化要素和修身养性的文化品位，还具有一定的收藏、投资价值，家庭有计划、有目的地悬挂、布置一些字画，可以把字画的文化艺术要素与家居氛围合理地组合起来，营造一种家庭文化的氛围，对家庭成员起着持久的陶冶情操、润泽心灵和塑造家庭文化品位的作用。插花作为一种技艺，是把切取下来的花、枝、叶等当成要素进行艺术构思，形成插花造型，摆放于家庭的一种方式。家庭插花，作为一种艺术，对家庭具有直接的装饰和美化作用；作为一种文化，是美与审美意识、审美观念的结合与表现，对家庭成员的审美能力的提升，以及家庭成员的情感、品格具有陶冶作用。

（四）家庭物质文化建设

家庭物质文化不是孤立的、无生命的物质设备，而是在家庭精神文化、制度文化影响和制约下，反映家庭精神文化个性的经过精神文化“改造”过的家庭物质文化的装饰品。一个家庭的居室的装饰风格，家具的造型和色泽，以及家庭内、外环境的设计与布置等多物质文化层面的东西，都凝聚并反映了家庭主体文化即精神文化的基本精神与价值，反映了家庭主人的价值观和精神品格。可以说，一个家庭，有什么样的主人，有什么样的主体文化，就会有什么样的物质文化。这种物质文化一旦形成，还会反作用于家庭的精神文化与制度文化，并形成家庭文化的互动机制，使家庭文化层次与品味不断向更高的档次发展。

在家庭物质文化建设中，应关注家庭文化的新物质基础——家庭网络。所谓“家庭网络”，简单地说就是实现居所的网络化。居所网络化，不仅造就全新的家庭生活环境，也使家庭生活、家庭文化发生一些变化。在网络化的影响下，家庭文化不局限于书本、字画、工艺品，而是有更多的表演性和感官性。当网络替代家人从事家务劳动后，家庭中的分工会有所变化，传统家庭的有些功能会发生改变。

资料卡

个性消费

消费步入个性化时代，不仅仅是经济现象，更是一种文化现象。个性消费不仅是大众文化的另类表现，也是社会发展的一种表现。目前的个性消费开始呈现出纷繁的景象。

1. 个性写真

个性写真是目前在全国众多城市中，最时尚、最流行的一种艺术照潮流，深受年轻人，尤其是年轻女性的喜爱。由于个性写真避免了摄影时“千人一面”的现象，满足了年轻人追求个性的心理，因此，正逐渐形成浪漫的、怀旧的、戏剧的、古典的等不同文化风格下的照片系列。

2. 个性 DIY

DIY 是英文缩写，一般译为自己动手做。DIY 是 20 世纪 60 年代起源于西方的一个概念，原本是指不依赖专业工匠，自己利用适当的工具与材料进行家居修缮的工作，使自己的家居在省钱的同时更具个性。由于人们发现了自己动手的各种优点，于是自己动手的 DIY 活动便风靡起来，内容也变得包罗万象，并逐渐演变成一种以休闲、发挥个人创意或培养爱好为主的活动。

今天 DIY 活动越来越广泛，比如拼布 DIY、美食 DIY、发型 DIY、手工制作 DIY，等等，开动大脑，用自己的双手去创造，是 DIY 的最高境界；只要想得到，就能做得到，是 DIY 精神的体现；源于自然，回归自然，是 DIY 的理念；放松身心，去感受身边一切美丽的事物，给生活加点糖，是 DIY 的宗旨。

二、家庭文化建设的方法

家庭文化的营造者是家庭中的每个成员，夫妻是家庭文化建设的重要角色，在主干家庭，祖父母等也扮演着重要的角色。

由于家庭文化的营造是由多种元素构成的，因此，男女双方尚未成家立业时，他们所受的家庭教育，校园文化的熏陶，夫妻双方职业理想和目标的确立，工作环境的沁润，朋友圈的影响，对成家后的家庭文化的建设起着重要作用。

一个家庭文化的营造，需要爱心，需要恒心，需要智慧，更需要家庭成员的共同努力。我们可以以构建学习型家庭为目标，促进良好家庭文化氛围的养成；我们可以根据家庭的实际情况，对家庭文化进行科学定位；我们还可以通过给孩子讲故事，到休闲广场开展家庭活动，举办家庭演讲或朋友聚会或旅游等，形成有效的家庭文化氛围。

在日常生活中，这些方法也是十分有效的。

1. 共同回忆

回忆是人生宝贵的财富。童年欢快的回忆、求学进取的回忆、工作奋斗的回忆、家庭活动的回忆……这些回忆不仅是我们人生的财富，更是家庭成员交流的纽带。因此，在家庭文化建设的过程中，可以通过家庭回忆，帮助家人在分享的基础上形成并巩固家庭文化。

2. 有效沟通

有效的沟通在家庭生活中起着非常重要的作用。家庭成员间的沟通有三个主要作用，一是消除家庭成员间的障碍和矛盾；二是协调交流中的各种关系；三是在分析、鼓励的基础上，实现家庭或个人的目标。其实在家庭中，家庭成员间的沟通是一个反复的过程，沟通好了，就容易建立起良好的家庭关系，进而形成家庭文化。在与家人沟通时，要相互尊重，真诚相待，使思想观点相互融合，并逐渐形成特有的家庭文化。

3. 确定理想

理想是家庭充满希望的动力。每个家庭都应该有明确的家庭理想。这需要把生活目标有计划地分成短期与长期两种，其中短期的理想目标应是容易实现的，如家庭添购物件，购买书籍等，由于其实现快，满足容易，不仅可以为家庭带来满足的欢笑，而且可以营造良好的家庭氛围。如果同时确立中长期理想，并通过家庭成员间的交流，让家庭理想清晰明朗化，就可以为形成家庭文化奠定基础。

4. 开展活动

开展丰富多彩的家庭活动，是家庭文化建设的重要方式之一。如家庭读书活动、家庭时事论谈活动、观看电影电视活动、参观艺术展活动、摄影活动、旅游活动等，让缤纷多彩的家庭文化活动，点燃家庭文化的兴奋点，形成家庭文化的和谐点。

相关链接

与本章节相关的阅读书籍与网络

1. 王继花：《家庭文化学》，人民出版社 2010 年版。
2. 家庭文化网
3. 中国教子网

思考与练习

1. 什么是家庭文化？
2. 家庭文化有哪些功能？
3. 如何进行家庭文化建设？
4. 针对你的家庭现状，设计一份适合你家的文化建设计划？

第六章 女性与家庭教育

- 理解家庭教育的内涵及作用。
- 了解父母在家庭教育中的作用。
- 理解家庭教育的内容，掌握家庭教育的方法。

当女性建立了自己的家庭后，就开始有了家庭教育，家庭作为人们生活的第一个场所，其教育的价值与功能不能忽视，这里不仅包含了如何做父亲和母亲的问题，更包含了如何培养一个健全的下一代的问题，那么，我们应如何进行家庭教育？本章将从家庭教育的相关概念、家庭中的父母、家庭教育的内容和方法三个方面，阐述女性与家庭教育。

第一节　关于家庭教育

情景案例

这天A母亲买回了几个苹果，她的双胞胎儿子看见了，都想要那个又大又红的苹果，弟弟抢先说出了自己的想法，母亲听后很不高兴地瞪了他一眼，哥哥也想要大苹果，他看到母亲的眼神后灵机一动，改口道："妈妈，我要那个最小的，大的留给弟弟吧。"母亲听了非常高兴，在他脸上亲了一下，并把那个又红又大的苹果奖给了他。由此哥哥"悟"出一个"道理"：说谎话能得到自己想要的东西。从此他学会说谎，为了想要的东西可以不择手段，直到被送进监狱。

这天B母亲也买了几个大小不一的苹果，他的两个双胞胎孩子也都急着要大的。这位母亲把那个最大的苹果举在手上说："你们都想得到它，可它只有一个，怎么办？我们来比赛怎么样？我把门前的草坪分成两块，你们一人一块，负责修剪好，谁干得又好又快，谁就有权得到它。"比赛结束后，哥哥得到了大苹果。从此，哥哥明白了一个简单而又重要的道理："要想得到最好的，就必须努力争取做得最好。"后来，他成了一位成功的企业家。

C母亲这天买回了一筐苹果，她每天给儿子、丈夫和自己各分一个。时间一天天过去，筐里的苹果一天天减少，最后筐里只剩下一个苹果了。吃罢晚饭，这位母亲把苹果交给儿子，说："孩子，这最后一个苹果就由你来分吧！"儿子接过苹果，拿来水果刀，一分为三，爸爸、妈妈和他各一份。母亲笑了，说："孩子，你学会了公平——这正是我希望的。"后来，这个孩子成了一名法官。

一个苹果，既可以造就一个人，也可以毁掉一个人。这虽然是个案，但其中蕴涵的道理却有普遍意义。一位教育家曾说："播下什么样的种子，就会收获什么样的果实，人的行为、习惯、品质将形成人的最终命运。"那么，现代女性应具有哪些家庭教育的观念与方法呢？

一、家庭教育的内涵

家庭教育就是以家庭为学校，以家长为教师对孩子的成长与发展进行奠基性的启蒙教育。

家庭教育与学校教育、社会教育是教育的三种基本形式，是人在社会化过程中，必须接受的三种各具特点的教育，而家庭教育则是最基础性的教育，它对儿童德、智、体、美、劳全面发展起着奠基性的作用，对儿童的思想品德、个性特征及健全人格（丰富多彩的情感体验，沉稳而灵活的性格，积极向上的人生观，合理的归因方式和正确的自我观念）的形成和发展则起着决定性的作用。

家庭教育有广义与狭义两种界定。广义的家庭教育是指家庭成员之间互相施加影响的一种教育；狭义的家庭教育则是指家长对子女有目的地施加影响的一种教育。我们这里所说的家庭教育是指狭义的家庭教育。

二、家庭教育的优势与局限

（一）家庭教育的优势

1. 家庭教育具有早期性

家庭是儿童生命的摇篮，是人出生后生活的第一个场所，也是接受教育的第一个课堂，父母作为子女的家长，既是子女生命的给予者，又是子女的第一任教师，也就是我们常说的启蒙之师，从这个角度讲，家长对子女所施的教育最具有早期性。美国心理学家布鲁姆认为，如果将一个人智力发展到17岁时的水平标志为100％，那么4岁时就达到了50％，4岁～8岁又增加30％，8岁～17岁又获得了20％。由此可见，早期教育对儿童发展的影响。

2. 家庭教育具有感染性

感染性指的是人的情感在教育中的作用。人的情感在一定条件下可以影响人，并使之产生同样的或与之相联系的体验。情感的这种感染性，是无声的语言，对人起着感动和感化作用。由于父母和子女之间的天然感情是无可比拟的，所以，在家庭教育中，情感的感染性发挥着非常重要的作用，也正是家庭教育具有感染性，使家庭教育具有学校和社会教育所不能替代的作用。

3. 家庭教育具有权威性

家庭教育的权威性是指父母长辈在孩子身上所体现出的权力和威力。家长的权威性，主要体现在：家长的教诲，子女能够听从；家长的批评，子女能够接受；家长的意图，子女能够领会；家长的希望，子女能够努力做到；家长反对的，子女能自觉地不做或是克制自己的欲望。总之，家长的意志对于子女的言行有较大的制约性。这种制约性，要比其他人对孩子的制约性更大。

4. 家庭教育具有针对性

针对性是指从实际出发，有的放矢，而不是一般化的说教。家庭教育相对于学校教育来说，具有更强的针对性。因为针对性的前提是充分了解教育对象，我们常说："知子莫如父。"其实，在现实生活中，最了解自己孩子的是父母，父母之所以能如此了解子女，一方面是长期共同的生活，另一方面是父母与子女有特殊的血缘关系和利益一致的关系。

5. 家庭教育具有及时性

家庭教育的过程，从某种意义上讲，就是父母在家庭中对孩子进行个别教育的过程。由于家长与孩子朝夕相处，能很好地感受孩子身上细微的变化，因此家庭教育，能及时纠偏，能不让问题过夜，更能使不良行为消灭在萌芽之中。

6. 家庭教育具有长期性

孩子出生后最初的十几年，绝大部分时间是在家庭中度过，他们在和家长朝朝暮暮的相处中接受着教育，这种教育常常是在有意或无意、有计划或无计划、自觉或不自觉之中进行的。其实，在家庭教育中，家长以其自身的言行随时随地地影响着子女，对子女的生活习惯、道德品行、谈吐举止等各方面起着示范作用，直至影响子女一生。

（二）家庭教育的局限

1. 家庭教育受家长制约

家庭教育是家长对子女进行的教育，因此，家庭教育的成功与家长有着直接的关系。当家庭有良好的生活气氛、生活方式；当家庭成员关系融洽、和谐；当家长文化素养高，有教育能力，并且重视子女教育时，家庭教育的效果则好。当家庭关系紧张，家长文化素养不高，或对子女教育不重视时，家庭教育就成为一句空话。

2. 家庭教育易感情用事

情感是家庭教育中的重要因素，由于家庭成员间的亲情关系和血缘关系，使家长在教育子女时，较难把握自己的情感，而出现缺乏理智的现象，如行为极端、娇惯溺爱、简单粗暴等，这些缺乏理智的情况，常使家庭教育出现偏差，从而导致家庭教育失败。

3. 家庭教育相对封闭

家庭教育是由家长对自己的子女在家庭范围内进行的教育，由于家庭是一个相对封闭的社会单元，因此教什么、如何教，用什么思想作指导，主要取决于家长的意志、兴趣、爱好、思想水平、教育能力等。而一个家庭的生活方式、生活习惯，家长的素质和能力，总是有局限性的，这势必会影响到家庭教育的成效。

三、现代家庭教育的要求

1. 更新家庭教育观念

现代家庭教育观是有别于传统家庭教育观而言的，它要求家庭教育要由经验育人向科学育人转变，由片面注重书本知识向教育子女正确做人转变，由简单命令向平等沟通转变。因此，现代家庭教育观强调两点，一是要求家长抛弃“学习是一劳永逸”的传统观念，树立“终身学习”的新观念，具体地讲，就是要建立学习型家庭，使每个家庭成员都有自己的学习目标，都有一定的学习时间，形成家长带头学习并和孩子共同学习的良好学习氛围；二是要抛弃“自己是教育权威”的传统观念，树立“向孩子学习”的新观念，这需要家长熟悉信息社会对子女学习的要求和影响，与子女一起学会迅速、充分、有效地选取、存储和获取信息，并利用信息创造新点子，利用信息解决问题。

2. 建立融洽的亲子关系

建立融洽的亲子关系是建立民主家庭的前提。它要求现代家庭要形成宽松的氛围，父母要会放下身段，平等交往，与子女分享快乐，和子女做朋友，能理解尊重子女的意愿和选择，对子女的缺点和过错，能耐心劝导，循循善诱，对子女的教育，宽严适度。

3. 重视品德与体魄

品德即道德品质，是个体依据一定的社会道德准则和规范行动时，对社会、对他人、对周围事物所表现出来的稳定的心理特征或倾向。由于道德以善恶为标准，调节人与人之间的行为，并总是扬善抑恶，因此，道德是一个家庭、一个国家对年青一代德育的重要内容。体魄则是指体格和精力的状况，它是子女身体健康的重要标准之一。现代家庭教育，要求培养子女的品德与体魄。一方面要求培养子女孝敬父母，关心他人，助人为乐，诚实守信，勤奋俭朴，自强不息；另一方面要关注子女身体的健康，合理膳食，全面营养，讲究卫生，积极锻炼，使孩子具有健全的人格。

4. 培养社会适应能力

社会适应能力，即个人生活自理能力、基本劳动能力、选择并从事某种职业的能力、社会交往能力和用道德规范约束自己的能力。因此，社会适应能力从某种意义上讲，就是社交能力、处事能力和人际关系能力的总和。

由于社会适应能力是一个人综合素质的表现，是个人融入社会、接纳社会的能力表现，因此，应成为现代家庭教育必须关注的内容。现代家庭要培养子女的社会适应能力，应支持和指导孩子开展有益活动，寓教于乐；要引导和帮助孩子学会人际交往，提高交往能力，培养团队精神；要帮助孩子学会抵制不良影响，增强免疫能力。

第二节　家庭中的父母

情景案例

小洁是一所中专学校的学生，由于父母身患残疾，小洁从没让父母参加过学校的家长会。在小洁看来，父母仅仅只满足了自己生活的需要，他们在知识上、在电脑操作上，在许多方面都不如自己。因此，小洁很少与父母交流，当父母关爱地询问小洁的学习生活情况时，小洁要么不耐烦，要么三言两语地敷衍了事……

小洁的行为对吗？家庭中的父母给予了我们什么？

一、父母在家庭教育中的作用

培养子女对父母来说是一个系统工程，在这个系统工程中，父母既是管理者又是实施者，父母的作用主要体现在三个方面：

（1）父母的榜样作用。其实，无论父母愿不愿意，当孩子降临后，他们就成为了子女的首任教师，成为了子女模仿的榜样。由于幼小儿童在其成长发展过程中，以社会性模仿为主要学习方式，因此，父母的言行、思想观念和文化素质会无时无刻地影响着子女，成为子女模仿的模板和榜样，正因为如此，从子女身上，我们总能找到父母的影子。

（2）父母的教育作用。父母的教育作用与父母的榜样作用是相辅相成的。因为，当孩子来到家庭后，父母不仅要为子女树立榜样，还要实施家庭教育。因此，孩子基本习惯的养成、基本素质的形成、身心健康状况等都与父母的教养分不开。确实，父母的教育作用，在古今中外众多名人成人、成才的事例中，都能得到证明。

（3）父母的创建作用。父母的创建作用主要表现在为孩子创造一个健康成长的良好环境，这里的环境包括物理环境和精神环境，即能满足子女生活学习需要的基本物质条件，以及适合的场所；和由家长高尚的品德、健康的心态、不断进取的精神所营造的家庭氛围的精神环境。

二、父母在家庭教育中的差异

父母在家庭教育中是否存在差异？答案是肯定的。一是由于我国长期受“男主外，女主内”思想的影响，相当一部分家庭中的父亲认为“教育孩子不是我的事，是母亲的事”，造成家庭教育中父亲角色缺失。二是心理学家认为男性和女性的气质存在着差别。一般而言男性具有勇于冒险、富于智慧、大度、坚定、勇武和易暴躁的特性，女性具有稳重、温柔、服从、忍耐、易焦虑和自卑的特性，由于男女气质特点互相补充，因此，仅有父亲的家教和仅有母亲的家教，都是不完整的。

由此可见，父亲和母亲都是家庭教育的主体，在整个教育子女的过程中，各自发挥着不同的作用，正如父亲的力量功能，母亲不能替代，而母亲的爱抚、同情、安全感的功能，父亲也难以替代，我们可以用例子来说明这个问题。当母亲怀抱孩子时，其动作姿势是平稳的，婴儿感觉到的是安全；而父亲抱孩子时，最初比较规矩，渐渐地他会把孩子抛起来。对婴儿来说，他在母亲那里感到的是安全，而在父亲那里感到的是力量。

那么，父母在家庭教育中的作用与角色是怎样的呢？

（一）父亲

1. 父亲的作用

(1) 平衡母亲教育的缺失。女性一般具有稳重、温柔、服从、忍耐、易焦虑等特点，特别是易焦虑的特征会潜移默化的影响到子女，使子女形成“成才焦虑”，这时，父亲的平衡作用就十分重要了，父亲的一个抚慰的微笑、一句宽慰的话语，都能迅速使母亲和子女的情绪得到缓解，使家庭气氛得以转变。

(2) 增强孩子的性别意识。性别意识是自我意识的重要内容之一，是对自身男女性别的认识。性别意识发展的两个重要阶段，一个是 2 岁～3 岁的幼儿时期，另一个是青春期。目前，由于我国托儿所、幼儿园、小学中男性教师较少，减少了儿童与男性接触的机会，使小男生没有可模仿的榜样，不知道男人应该怎样待人接物和处理问题；使小女生由于缺少与男性交往的机会，而与男性交往时紧张、羞涩、不知所措。因此，无论是男孩还是女孩都需要父亲在家庭教育中发挥作用，形成良好的性别意识。如果父亲长期不介入女儿的教育，女儿的性情要么变得胆大妄为，要么变得局促、内向。如果父亲长期不介入儿子的教育，其孩子会阴柔有余而阳刚不足。

(3) 培养孩子勇敢、自信等心理品质。在现实生活中，我们常常看到父亲带着孩子玩大型玩具，当孩子害怕而不敢玩时，父亲常常用鼓励的话语和眼光，让其终于爬上顶峰。而这时候如果换作是母亲，则会心疼地马上把孩子抱下来，玩更安全的游戏。正是父亲的这种“冷漠”，培养了子女勇敢、豁达、自信等心理品质。

(4) 引导孩子探索学习。所谓探索学习，是从现实生活中选择和确定学习的主题，启发引导孩子自主独立地发现问题，提出问题，搜集与处理信息，表达与交流问题的探索活动，是孩子获得知识技能，促使情感与态度发展的一种方式。

父亲在子女探索精神和学习兴趣培养上的作用是十分显著的。因为，当父亲和子女一起交流时，他们的方式是独特的，有时他把自己变成“大男孩”、“大朋友”，和子女一起玩游戏、修理损坏的玩具；有时会耐心地回答子女提出的各种问题，但父亲的回答不会像母亲那样把结果告诉子女，只会告诉他们大体的思路。因此，父亲看起来是粗糙的，其实正是这种粗糙，促使子女动脑筋、思考和探索，并获取十分重要的探索品质。

2. 父亲角色的变化

过去父亲的角色常局限为家庭经济的重要供应者。但现代父亲在家庭中扮演的角色则是多重的，尤其在小家庭中，父亲稳定的力量是家人安全感的源泉，是子女社会化过程中重要的影响因素。

好父亲的标准

传统的观点	现代的观点
· 为子女定目标 · 替子女做事，给子女提供物品 · 期望子女服从 · 是子女的榜样 · 有责任感	· 重视子女的主动性 · 试着了解子女和自己 · 承认子女和自己的差异 · 提高子女成熟的行为 · 乐意与子女为友
强调父亲的权利	强调关注子女发展的同时也关注自己

（二）母亲

1. 母亲的作用

（1）母亲健全的心理素质是子女成长的基础。心理素质是人的整体素质的组成部分。简单地说，心理素质是以生理素质为基础，在实践活动中通过主体与客体的相互作用，而逐步发展和形成的心理潜能、能量、特点、品质与行为的综合。用马斯洛的观念来说，良好的心理素质应表现为：具有充分的适应力；能充分地了解自己，并对自己的能力作出适度的评价；生活的目标切合实际；不脱离现实环境；能保持人格的完整与和谐；善于从经验中学习；能保持良好的人际关系；能适度地发泄情绪和控制情绪；在不违背集体利益的前提下，能有限度地发挥个性；在不违背社会规范的前提下，能恰当地满足个人的基本需求。由于母亲是子女成长的直接榜样，因此，母亲健全的心理素质是母子（女）之间相互信任，相互理解，促成子女健康成长的基础，也是母亲取得教育成功的必备条件。

（2）母亲良好的道德修养是子女成长的根本。道德修养是人的道德活动形式之一，是个人自觉地将一定社会的道德要求转变为个人道德品质的内在过程。一个具有高尚道德规范的母亲，在子女心中将是一座人生的航标，在潜移默化中垂范其言行，在举手投足中展示其榜样，她会在工作和学习中，始终保持锲而不舍、精益求精的态度和精神，并影响着子女，使他们养成不屈不挠的性格。试想，一个经常与邻里吵架的母亲，怎能让子女学会关心；一个谎话连篇的母亲，又怎能让子女学会诚信。

（3）母亲勤奋好学的态度是子女全面发展的保障。勤奋好学是一个人对待学习、对待新知识的态度，是学习型社会人的重要品质之一。从某种意义上讲，母亲的文化程度会影响其与子女间的交谈内容，如果母亲的文化程度不高，且不爱学习，在与子女交谈中，就可能会出现问题。如当子女和母亲谈新闻时，一问三不知；和母亲谈文学时，答不上话题；和母亲谈音乐时，更难融入其中。久而久之，子女与母亲将无话可说，此时，子女的发展就成了一句空话。另外，文化程度上的差异，也会造成母亲与子女在认识观念上的差异，此时母亲只能用最朴素的母爱，去关心子女，即只知道子女爱吃什么，却不知道子女爱看什么；只知道子女爱玩什么，却不知道子女心里在想什么。文化程度与勤奋好学是两个概念，文化程度是拥有文化的一种标志，而勤奋好学则是对待学习的一种态度，文化程度可以因各种原因而受到制约，勤奋好学却可以帮助我们达成目标。因此，母亲应该是勤奋好学的，因为，勤奋好学的母亲不仅可以提高自身的文化素质，还能助长子女学习的积极性，可以在与子女共同的学习中，培养子女学习和探索新知的兴趣，增进母子（女）间的感情。

（4）母亲智慧的教育方法是子女顺利成长的契机。教育方法是指在一定的教育思想指导下形成的实现其教育思想的策略性途径。母亲的教育方法更多的是母亲教育智慧的反映，这种智慧源自母亲的学识、思想和对子女成长的期待。因此，好的方法常常是子女成长的契机。如注重培养子女的自理能力，注重培养子女的自信心，注重发展子女的个性。又如把子女当作朋友，倾听他们的痛苦和烦恼，分享他们的幸福和快乐等。好的教育方法不仅能拉近母子（女）间的心理距离，还可以增强子女的自信心，成为子女战胜困难成长中的契机，使子女终身受益。

2. 母亲角色的变化

从古至今，养育子女一直是母亲最主要的职责之一。因此，弗洛伊德的人格发展理论十分强调母亲的抚养对幼儿成长的影响。其实，随着社会的发展变化，母亲的角色也发生着变化，好母亲应该是怎样的？传统与现代给出了不同的答案。

好母亲的标准

传统的观点	发展的观点
·会做家务（煮饭、烧菜、打扫等） ·满足子女的生理需求（吃、穿、喝） ·训练子女日常生活习惯 ·品德教育 ·行为培养	·训练子女独立自主 ·满足子女情绪需要 ·鼓励子女的社会发展 ·增进子女的智力发展 ·提供丰富的环境 ·照顾个性的发展 ·以了解的态度来引导子女
强调母亲为子女奉献心力	强调母亲从角色中获得发展

资料卡

父母对孩子智力的影响

安徽医科大学儿童医学专家唐久来等经过近10年的努力，采用国内外先进的儿童智力研究方法，对400多名儿童进行长期跟踪调查研究，并对影响儿童智商的环境因素进行全面分析，最终得出“母亲对儿童智商及后天智力开发的影响大于父亲”的结论。

在影响儿童智商的遗传与后天智力开发和环境两个方面，中外专家得出的结论基本一致，即遗传因素占61%，后天智力开发和环境因素占39%。父母与子女智商相关系数都很大。唐久来和安徽医大的专家组在研究中还发现，在遗传方面，对中国儿童的影响，母亲要大于父亲。

在父母对儿童智力开发和影响方面，母亲的因素也明显高于父亲。专家们把儿童出生后对智商影响最大的23个因素进行定性和定量分析，结果发现，居于第一位的是家庭教育，其次是母亲的文化素质。而在家庭教育这一因素中，母亲的作用又占主导地位。专家指出：女性提高自身科学文化素养是优生优育的最重要因素。

资料卡

爸爸妈妈谁对孩子的影响大

智力：妈妈大于爸爸。就遗传而言，爸爸与妈妈对智力的影响力总的说来是妈妈大于爸爸。换言之，聪明的妈妈生下的孩子大多聪明，男孩子尤其如此。因为，人类与智力有关的基因主要集中在X染色体上，而女性有两个

X 染色体，男性只有一个，因此妈妈的智力在遗传因素中占有更重要的地位。

身高：妈妈大于爸爸。据香港专家披露，他们研究了从保健院中选出的100名男女婴儿，定期测量身高，发现婴儿在3岁以后的身高增长与其父母的身高有显著关系，在营养良好的情况下，父母的遗传是决定儿童身高差异的主要因素，其中妈妈的身高尤为重要，故妈妈高的孩子也大多长得较高。

性格：爸爸大于妈妈。一般说来，妈妈常以女性特征如感情细腻、做事认真仔细、性情温柔等来影响孩子，而爸爸则显示给孩子以勇敢、坚毅、强悍、有魅力等男性特征，所以孩子完整个性的形成有赖于父母双方的共同努力，缺一不可。但父爱的作用，对女儿的影响更大。纽约一位心理学家认为爸爸能传授给女儿生活上许多重要的教训与经验，使其性格更加丰富多彩。

三、做称职的现代父母

有人说：母亲的教育就像阳光，没有阳光我们会感到生命的黑暗，而父亲的教育就像空气，缺少空气生命也会慢慢窒息，而称职的现代父母，应该给子女什么？美国心理学家大卫·埃尔凯特说过：“无论一个人的生活环境如何，当好父母，最基本的是要给孩子两样东西，即‘根和翅膀’。”所谓根，就是给孩子安全感，并引导孩子活得健康快乐；而给孩子翅膀，就是给孩子最大的自由和机会，让他们充分发挥自己的智慧和潜能，有机会成为自己所能做到的最出色的人。因此，做现代好父母应该关注这样一些问题。

1. 建立稳固的依附关系，及时回应子女的感受

孩子获得温暖而有回应的照顾时，比较容易对照顾者产生安全感与稳固感，专家将这种强烈的关系称为“稳固的依附关系”，而“稳固的依附关系”是孩子一切未来关系的基础。因此，作为父母应让子女经常体验到你深刻的关怀和你爱的表现，如抚触、轻摇、说话、微笑与歌唱，等等，因为爱和安全感会影响幼儿脑部网路的构成，帮助奠定子女未来的思想与行为。

在现实生活中，幼小的孩子是无法用言语来表达他们的心情、喜好或需求的，但他们会发出信号，如声音、动作、表情及目光的接触等。父母应注意他们的信号与情绪，不管子女生气或快乐，都要及时回应，尽量了解他们的感受，他们的描述（透过语言或动作），以及他们想做什么，使子女感到安全温暖。

2. 建立合理的生活习惯和家规

孩子知道午睡时间到了，因为妈妈像往常一样，唱了一首歌，然后把窗帘拉上……通过愉快的感觉建立起来的生活习惯与仪式，能让子女感到安心的同时，能关注环境对自己行为的作用。因此，在这种模式下建立起来的生活习惯，不仅能给子女以安全感，也能帮助子女较快地形成习惯，而好的习惯一旦养成，又会让子女终身受益。

随着子女的成长，他们开始多方发现、探索与实验，此时限制成为必要的规则。因此，合理的家规应运而生。在建立家规的过程中，父母持续而关爱的督导，温和而有度的语言是十分必要的，它能帮助子女明白，你不喜欢的是他的某种行为，而不是他。因为，让子女了解限制某种行为是深爱着他的另一种表现，可以使子女更好地掌握规则，主动了解行为的后果，以及纪律背后的理由，还能使家规逐渐成为其习惯的行为。

3. 鼓励玩耍，不让电视电脑成为保姆和玩伴

当子女开始探索父母之外的世界时，好的父母应鼓励和引导，且在子女寻求安全感时，表现出接受。应鼓励子女与同龄、不同龄人的交往，在人际交往中学习解决冲突与成长。

随着社会的进步，电视和电脑逐渐普及，但好的父母不应让电视和电脑成为子女的保姆和玩伴，对于子女观看的电视节目和电脑游戏，家长应有所选择，并留意子女的收看习惯。应尽可能地与子女一起观看和参与游戏，并讨论内容，共同体会快乐。

4. 帮助子女认识自我

每个孩子的性情各不同，成长速度也不一样，孩子的自我价值观，常常反映出父母对他的态度。当孩子逐渐学会适应日常生活时，会对自己感到满意，特别是当父母用明确的称赞来加以肯定时，孩子会察觉他的行动与父母反应间的关系。因此，能够敏锐反应子女各种讯号的父母，能对子女自我价值观的形成起促进作用。为此，好的父母应关注子女反馈的各种信息，帮助子女尽快建立起自我意识。

资料卡

称职的现代父母与孩子交流的语言

一、激励孩子积极向上的六句话

赞赏和激励是促使孩子进步的最有效的方法之一。每个孩子都希望受到家长和老师的重视，而赞赏满足了孩子的这种心理，使他们的心中产生一种荣誉感和骄傲感，使孩子沐浴在成长的阳光雨露中。激励孩子积极向上的6句话是：你将会成为了不起的人；别怕，你肯定能行；只要今天比昨天强就好；有个女儿真好；你一定是个人生的强者；你是个聪明孩子，成绩一定会赶上去的。

二、使孩子充满自信的七句话

自信心是人生前进的动力，是孩子不断进步的力量源泉。因此，父母在教育孩子的过程中，一定要重视其自信心的培养。使孩子充满自信的七句话是：孩子，你仍然很棒；孩子，你一点也不笨；告诉自己："我能做到"；我很欣赏你在××方面的才能；我相信你能找回学习的信心；你将来会成大器的，好好努力吧；孩子，我们也去试一试。

三、促进孩子品行高尚的七句话

促进孩子品行高尚的七句话是：诚实是做人的第一美德；竞争中的公平最可贵；品德比分数更重要；凡事都要问一问自己的良心；要学会说一声：谢谢；你知道关心父母，这让我很开心；我很高兴你有一颗同情心。

四、鼓励孩子勇于纠正缺点的七句话

每个人都会有缺点，孩子也不例外。父母如何面对孩子的缺点，是很有讲究的。鼓励孩子纠正缺点的七句话是：无论什么时候都不要说谎；自我约束是对自己负责；你一定要学会控制自己的脾气；你是个懂事的孩子；有耐心才能做好任何事情；游戏可以玩，但不能沉迷；别怕，我们再试一次。

第三节　家庭教育的内容和方法

情景案例

孩子2岁了，第一次看见蚂蚁。也许别的母亲会鼓励他的孩子去一脚踩死那只蚂蚁来锻炼他的胆量。可是这个母亲却柔声地对他说："儿子，你看它好乖哦！蚂蚁妈妈一定很疼爱她的蚂蚁宝宝呢！"于是小孩儿就趴在一旁惊喜地看着那只蚂蚁宝宝。蚂蚁遇见障碍物过不去了，小孩儿就用小手搭桥让它爬过去。母亲一脸欣喜。

孩子上小学了，可是最近他总是迟到。老师找到了他的母亲。母亲没有骂他，也没有打他。临睡觉的时候，母亲对他说："孩子，告诉妈妈为什么你那么早去，还要迟到?"孩子说他发现在河边看日出太美了，所以他每天都去，看着看着就忘了时间。第二天，母亲一早就跟着他去河边看了日出。她说："真是太美了，儿子，你真棒!"这一天，他没有迟到。傍晚，他放学回家，他的书桌上有一只好看的手表。下面压着一张纸条：因为日出太美了，所以我们更要珍惜时间和学习的机会，你说是吗？爱你的妈妈。

你觉得这位妈妈的教育方式好吗？为什么?

家庭教育不是以教孩子成为天才为目标的英才教育，而是以塑造美好心灵和完美人格为目标的先做人、后成才的全面发展的素质教育，也就是为实现人的初期社会化为目标的基础性教育。这种教育，是在家中由父母完成的，在完成其家庭教育的过程中，教哪些内容？用怎样的方法？就十分重要了。

一、家庭教育的内容

（一）养成教育

养成教育是人的社会化过程中最基本的教育。所谓养成教育，就是培养孩子良好的行为习惯的教育。我国古代伟大的思想家、教育家孔子有一句名言："少成若天性，习惯如自然。"意思是说，从小养成行为习惯就像天性，一旦形成习惯，就成为人的自然秉性了。

美国心理学家威廉詹姆士说："播下一种行动，收获一种习惯；播下一种习惯，收获一种性格；播下一种性格，收获一种命运。"詹姆士把人的习惯养成同人的性格和命运联系在一起，可见，习惯的养成对人生的命运起着多么重要的作用。

那么，养成教育包括那些习惯的培养呢？它包括尊老爱幼，即尊敬老人，爱护孩子。尊老爱幼是爱人之心外化为行为的结果，从小培养孩子从具体的事情做起，并形成习惯，尊老爱幼的行为就会成为自然性的行为；为人诚信，即诚实、信用，不说谎；礼貌待人，即对人讲礼貌，讲礼节，如见面问好，上车要排队，做了对不起别人的事要道歉，说"对不起"，坐车要礼让老人与小孩，分别时要说"再见"，不打人、骂人等；热爱劳动，即自己的事情要自己做；讲究卫生，即室内整洁，床铺干净，不随地吐痰，不乱扔果皮纸屑，饭前便后洗手，经常洗澡、剪指甲、衣帽整洁等；遵守纪律，即遵守生活制度，按时作息，遵守规则，遵守纪律，不迟到，不早退；热爱集体，即积极参加集体活动，关心他人，关心集体；

爱护公共财产，即不损害公物；乐于交际。

孩子良好的行为习惯是思想品德与人格素质内化的结果，也是思想品德与人格外化为实际行动的结果。优良的行为习惯的外化需要实践，需要学习。

（二）品德教育

广义的品德教育是指思想品德教育，即道德教育。包括政治品质、法制品质、思想品质和道德品质的教育。狭义的品德教育是指道德品质的教育，即把符合社会道德要求的观念和行为规范转化为孩子思想意识、态度和行为的教育。家庭品德教育偏重于后者，一般是指在处理日常生活中所碰到的人与人、人与集体之间的关系时所应遵循的准则教育。

那么，品德教育包括哪些内容呢？

1. 人生观和幸福观

人生观是指对人生的意义、目的、价值及人生道路的基本看法，是世界观的重要组成部分，是做人的精髓与本质，它不仅影响着人的行为和奋斗目标，也反映着人的精神境界。其内容包括幸福观、生死观、荣辱观和恋爱观等。它对人的生活道路和人生方向的选择具有决定性的影响。正确的人生观以集体主义为核心，以大公无私、舍己为人、全心全意为大众服务为人生的根本意义和价值。家庭教育对孩子人生观的培养和形成具有重要作用。

幸福观是指对幸福的基本看法或态度，是世界观和人生观的反映。它是人们在劳动过程中实现了自己的目标和理想，而产生的一种肯定的情感体验。在阶级社会里，不同的阶级有不同的幸福观。正确的幸福观反对把自己的幸福建筑在别人痛苦的基础上，提倡以劳动创造为本质，以集体事业为核心，把全心全意为大家服务视为最大的幸福。家长要教育子女把个人的幸福与理想结合起来，正确处理个人与集体的关系，正确处理苦与乐的矛盾，并鼓励子女通过劳动获得幸福。

2. 集体与爱国

集体就是集体主义的教育。是指培养子女先人后己或先公后私，个人利益服从集体利益，关心、爱护集体中的每个成员的思想，这是德育的核心内容之一。它有助于树立崇高的理想和坚定的信念，有助于增强组织纪律观念和促进全面发展。

爱国即爱国教育。是教育子女热爱自己的祖国。爱国是人们对自己祖国的一种深厚情感。家庭中对子女进行爱国主义教育，不仅因为他们是祖国未来的建设者和保卫者，而且也是进行理想教育和其他道德教育的重要基础。其基本内容是教育子女热爱祖国和人民，为祖国的独立自由、领土完整和繁荣富强而献身。

爱祖国不是抽象的，应从子女身边的事物开始，即把爱祖国与爱家庭、爱家乡、爱学校、爱集体、爱老师、爱同学联系起来。

3. 孝心与勤俭

孝心是人类最基本最重要的品德之一。那么，做子女的应该如何落实孝道呢?一是礼仪规范上的尊敬，即尊敬父母礼貌称谓，吃穿用度先长后幼，和颜悦色举止恭敬等；二是生活上的照料；三是满足对长辈的心理需求，如沟通、探望、问候等。子女应认真学习孝敬父母，尊敬长辈的仁爱之德和孝敬之道，并把这种德与道内化为自己的思想观念和意识行为，使自己的心里真正装着父母，使自己的行为自然孝敬父母。

勤俭即勤劳节俭。所谓勤劳，就是努力工作，努力劳动，不怕吃苦。所谓节俭，就是俭省，也就是用钱用物有节制。由此可见，勤俭教育，即吃苦耐劳，克勤克俭，节约人力、物力、财力等方面的教育。古代家训强调勤俭，意在立业兴家。现代家教强调勤俭，则蕴涵了更丰富的内容，不仅强调立业兴家，还要求要珍惜时间，提高效率，生活朴素大方，不追求奢侈等。

4. 责任心义务感

责任心与义务感是指个人对自己和他人、对家庭和集体、对国家和社会所负责任的认识、情感和信念，以及与之相应的遵守规范、承担责任和履行义务的自觉态度。因此，责任心常常表现为一种舍己为人的态度，一种发愤图强的干劲和一种永不放弃的精神。培养子女的责任心，首先应让子女学会对自己的事情负责；其次让子女做力所能及的家务劳动，学会对承担的事情负责，同时，还有给子女承担责任的权利和战胜沮丧的信心，帮助子女树立责任意识等。

（三）非智力品质培养

非智力品质是指人的智力行为之外的一些个性品质，如意志品质、性格品质、兴趣品质、合作态度、生命热情、创新精神等，它对一个人的智力行为有着巨大的支撑作用。美国著名的心理学家韦克斯勒从分析智力与智慧行为的心理结构入手，对非智力因素的含义做了这样的概括：人从简单到复杂的各种智力水平反映了非智力因素的作用；非智力因素是智慧行为的必要组成部分；非智力因素不能代替智力因素的各种基本功能，但对智力起着制约、诱导和促进作用。由此可见，非智力品质的作用。

那么，在家庭教育中应培养子女哪些非智力品质呢?

1. 意志品质

意志品质是指构成人意志的诸因素的总和，主要包括自觉性、果断性、自制性和坚韧性等方面。家庭教育中，培养子女的意志品质，一是要培养子女为实现目标不怕困难，坚持不懈的精神，因为，实现目标的过程，就是磨砺意志的过程。坚强的意志是在克服困难的实践活动中形成和发展起来的，因此，家长应培养子女为实现目标而坚韧不拔、百折不挠的精神。二是教育子女从小事做起，从自己不感兴趣却有长远意义的事做起，在实践中锻炼意志品质。如要求子女遵守学习与生活制度，及时独立地完成各种作业，坚持各种体育锻炼，坚持参加劳动等。三是引导子女根据自己的意志特点，确立锻炼内容，并付诸行动。如意志执拗且又固执的子女，应从自觉性、目的性和原则性方面加强自我修养，区分固执与坚持的区别；怯懦而易受暗示，做事犹豫不决的子女，应培养其大胆、果断和勇敢的意志品质，增强克服困难的信心和勇气；行动冒失、轻率行事的子女，应培养自己沉着、冷静、耐心的品质；过分活跃又缺乏自制力的子女，应从提高自我控制能力开始，自觉约束自己的言行，不该做的事坚决不做，该做的事一定做好；缺乏毅力的子女，则要从韧劲和耐力的培养开始，使自己做事专注，善始善终，不被诱惑干扰，也不被困难吓倒。

2. 性格品质

人们常说性格决定命运。那么究竟什么是性格呢？其实性格是一个人表现在对现实的态度和习惯化的行为方式上的稳定的个性心理特征。一般来说，人们习惯化的行为方式都是由他们对现实的态度决定的，因此，把握一个人的性格特征，可以预见其在某种情况下可能出现的行为反应。

性格从某种意义上讲，反映了一个人的品德和世界观，由于性格具有直接的社会意义，因此，不同性格特征人的社会价值是不一样的。如忠诚、坚定、乐于助人的性格特征，就具有积极的社会意义；而虚伪、奸诈、损人利己的性格特征，则具有消极的社会意义。

好的性格品质具有哪些特征呢？我们认为应包含这样七个基本内容。即快乐活泼、安静专注、好奇求知、勇敢自信、独立创新、友好善良、有同情心。家庭教育应在这七个方面，加强子女性格品质的培养。

3. 兴趣品质

兴趣即兴致，是对事物喜好或关切的情绪，常表现为人们对某件事物、某项活动的选择性态度和积极的情绪反应。兴趣的品质主要表现为兴趣的倾向性、兴趣的广阔性、兴趣的稳定性和兴趣的效能性四个方面。

家庭教育要培养子女兴趣的品质，首先应激发子女的兴趣；其次应保护支持子女积极的兴趣；三是应发展子女良好的兴趣。

（四）智力教育

智力教育，又称智能教育，也就是我们常说的智育。这里的智力，是指人认识、理解客观事物并运用知识、经验等解决问题的能力，包括观察力、注意力、记忆力、思维能力、想象能力和表达能力等。

家庭教育中的智力教育，并不是知识教育，而是智力能力的全方位教育。

培养子女的观察力是智力教育的前提。培养子女的观察力，应从保护感觉器官开始，并在日常生活中，适时通过全方位的感觉训练游戏发展子女的观察力。如带孩子到大自然看美丽的风景，将小孩子包在床单里做大摇船，锻炼孩子的平衡能力、方位和距离知觉能力等。又如，随时提醒孩子观察，在孩子多种感官参与观察时，培养孩子观察的顺序等。

培养子女的思维能力，是智力教育的核心。因为，思维能力不仅反映出大脑的聪慧程度，更表现出思维品质的训练程度。一般人们的思维品质常常表现为思维的广阔性、独立性、敏捷性和灵活性。广阔性是指思维的广度，指思维的空间广阔；深刻性是指思维的深度，即善于抓住事物的内部联系，预见事物的发展趋势；独立性是指独立地思考问题，发现问题，不唯书，不唯人，有合理的批判性；敏捷性是指迅速而快捷地捕捉有价值的信息，正确地分析和解决问题；灵活性是指思路灵活，有较好的适应能力和应变能力。家庭教育中，对子女思维品质的培养，应关注这四个方面的能力。

培养子女的想象力和表达能力，是智力教育的重要内容之一。因为，想象力是人在已有形象的基础上，在头脑中创造出新形象的能力。而表达能力，则是运用语言和非言语交流手段进行交流的能力。从某种意义上讲，想象能力与表达能力，可以给思维插上飞翔的翅膀。

二、家庭教育的方法

（一）环境潜移默化法

环境潜移默化法是指家庭成员有意识地创造一个和谐、良好、优美的家庭生活环境，并经常到自然和社会环境中去，在其中受到熏陶感染，培养优良的思想品德和良好的行为习惯的教育方法。

家庭生活环境可分为两类：一类是物质生活环境，包括家庭经济收入及其安排，家庭环境的布置美化等；另一类是精神生活环境，包括家庭成员的思想品德、行为规范，家庭成员之间的关系及家庭心理气氛等。它们都会对孩子的成长产生教育影响。

1. 安排好家庭经济生活

家庭经济收入的多少，直接与子女的物质生活、健康条件等因素相关。父母合理安排家庭经济生活，就可通过家庭经济保证子女的生活和学习。首先，父母要善于持家，家庭成员应正确对待和科学安排家庭经济收入，要养成不铺张浪费、勤俭持家的习惯，在安排家庭经济收入分配时，应把“教育投资”放在适当的位置。在收入一定的情况下，精打细算，量入为出，勤俭持家。同时，也要教会子女合理安排家庭生活，这样，既有利于增强子女的家庭责任感，又可以让他们在实践中学会如何生活。

2. 美化家庭居住环境

风格优雅、整洁美观、舒适宜人的家居环境，不仅能使家庭成员心境舒适、陶冶情操，还能养成子女良好的生活习惯，其教育作用不能低估。高尔基曾说，人都是艺术家，他无论在什么地方，总是希望把美带到他的生活中去。家庭生活环境的布置，往往能反映出父母的审美情趣、审美艺术修养和文化水平，也成为对子女进行教育的因素。

父母应尽力为子女专设一个学习和活动的空间，并让子女参加布置，年龄大些的孩子可以让他们自己设计、布置，使家的归属感更强。

3. 创造和谐的家庭氛围

家庭成员特别是父母的和睦以及整个家庭生活的和谐，会产生巨大的教育力量。家庭成员心境平和，孩子将从中学会如何做人，如何爱人，如何处理人与人之间的关系。

夫妻的和睦恩爱，使家庭充满幸福感。正如苏霍姆林斯基所说，父母之间的真正爱情，这是教育儿童最重要的精神力量。他告诫父母：我们做父母的，应首先以自己相互关心的行为来教育孩子，关于这些应永远记住。

创造和谐的家庭氛围还要求父母爱孩子。爱是教育的前提。第一次世界大战中，德国曾为在战争中失去家庭的孩子建立了设备完美、无可挑剔的收容所。可是这些孩子的身心发展，都比在环境不太好的家庭里抚养的孩子落后。维也纳的儿童心理学家黑茨经过多方面研究发现：根本原因是缺乏母爱。在爱的荒漠中长大的孩子不会有健全的心灵。

4. 重视自然环境和社会环境的影响

孩子与大自然有相通的灵性，置身其间比成人更敏感、更愉悦，也更能感受到感动与启迪。父母应创造条件多带子女到大自然中去，让他们放开四肢，敞开心胸，尽情地呼吸新鲜空气，自由自在地享受大自然带来的乐趣。父母还要多带子女参加积极向上的娱乐性活动，参观各种艺术展览和新的建筑设施，让子女感受现实社会。

（二）言语说服教育法

言语说服教育法是指通过摆事实、讲道理等方式，用语言对孩子施以影响，使子女明白事理，提高认识和觉悟的教育方法。

1. 说理教育

当子女出现某方面的问题，解不开思想疙瘩时，采取摆事实、讲道理的做法，让子女提高认识，就是说理教育的精髓。其实，对子女进行说理教育，可以同时进行言语及说话训练，开发孩子的思维，提高其表达能力。

2. 问答教育

问答教育分为提问和答问两部分。对未成年子女的提问和答问要注意：一是向子女提问，其目的在于引起子女对他们还没想到的问题进行思考；二是鼓励子女提问，其目的是培养子女主动思考问题的习惯和能力；三是无论向子女提问还是鼓励子女自己提问，都必须依赖答问的支持。父母答问要起到增进子女知识、开发子女智力、鼓励子女提出更深问题的作用。

3. 书信教育

在家庭教育中，运用书信教育是一种特殊而有效的方式方法，我国传统称之为“诫子书”。书信教育有着有声语言无法替代的启发觉悟、拨人心弦的奇异力量。当面对难以启齿的语言，通过书信无声交谈，不仅自然，且缩短双方的心理距离。而子女读父母的家书，有时胜过家长耳提面命，能够受到更大的启发和鼓舞。

（三）奖善救失法

奖善救失法是指在家庭教育中，对子女的优良品行或不良品行进行评价，予以肯定或否定，以发扬优点、克服缺点的一种教育方法。

1. 立足教育，注重实效

立足教育，注重实效是说奖励和惩罚都要以教育为前提，要有效果。这需要家长在进行奖惩时，应以表扬为主，批评为辅，同时，奖惩要及时，要使子女明确奖惩与其行为的因果关系，另外，还要注意奖惩的适度问题。

2. 精神奖励为主，物质奖励为辅

家庭教育中的奖励可以实行物质奖励，更应强调精神奖励。给予物质奖励，不要事先许诺，因为轻易许诺，会导致子女单纯为追求物质利益而学习和进步，不利于从根本上解决子女进步的动力问题；且许诺多了，还可能养成子女讨价还价、斤斤计较的庸俗风气。给予精神奖励，可以从子女良好行为的意义上给予较高的评价，还可以在一定的公众场合给予肯定表扬，或带子女旅游、外出参观等。

（四）实践锻炼养成法

实践锻炼养成法是指有意识地让孩子参加力所能及的实践活动，从中锻炼思想，增长才干，养成优良的品德和行为习惯的教育方法。

1. 提高认识，调动积极性

父母要利用子女争强好胜、好奇心强的心理特点，把严格要求与激发兴趣结合起来，积极鼓励他们参与实践锻炼，并在实践锻炼中增加游戏性、竞赛性和趣味性，促使他们兴致盎然地主动参加实际锻炼，接受必要的磨炼。

2. 加强指导，形成习惯

在子女实践锻炼中，父母要起到指导老师的作用，在子女遇到困难时，给予帮助和指导；在子女遇到阻碍时，善于发现和疏导；使子女在顺利完成任务中，获得成就感和自信心，并形成习惯。

（五）榜样示范塑造法

榜样示范塑造法是指父母躬行身教，以自身良好的思想品德行为以及典型人物的优良道德风范，影响教育子女，塑造子女人格的一种教育方法。

人格塑造的核心是家长的躬行身教，榜样示范，父母以自身的人格魅力影响子女，达到教育的目的。儿童是最善于模仿的，父母是子女最直接、最经常的模仿对象，孩子一切良好习惯的形成，全靠父母榜样的力量。因此，父母要时时以身作则，不忘榜样的教育作用，自觉检点自己的言行，凡是要求子女做到的，父母应事先垂范，亲身做到，为子女树立最具有说服力的榜样。

榜样示范时，父母还可借助革命领袖、英雄模范、著名科学家、学者、历史名人以及文艺作品中正面典型人物的形象教育子女。父母还要教育子女向身边的普通人物学习，因为老师、同学、朋友等人身上的好思想、好品德、好作风，是子女最熟悉、最感亲切和最易于接受的学习榜样。

家庭教育中的方法与策略

1. 多引导，帮助孩子树立起远大理想。有了理想就有克服困难的动力。美国著名画家威斯特的成功就源于母亲的引导。威斯特小时候常常在家带妹妹。一次，妈妈又叫他带着妹妹在家里玩，他拿着妈妈的画笔蘸上颜料在地上、墙上到处涂画。妈妈回到家看到满地的色彩十分惊讶，但她没有责备威斯特，而是与威斯特一起欣赏其“杰作”，并夸赞不已。在母亲的称赞中，威斯特对绘画产生了浓厚的兴趣，树立当画家的理想。由于不懈地努力，他终于成功了。威斯特成才的故事充分说明了引导的重要。

2. 多鼓励，使孩子自信。记得儿子在小学二年级时参加学校数学竞赛，50 分的题目只得了 8 分，一向好强的他被吓哭了，垂头丧气地回到家里。我没有丝毫抱怨而是积极帮助他分析试卷，发现答对的题目是试卷中最难的，于是我对他说：“别人不会做的题你能做，你很聪明。只要再细心些就能取得好成绩。”从此，孩子多了一份自信，并与数学结下了不解之缘，小学、中学数学成绩名列前茅，大学读的也是他喜爱的数理专业。好孩子是夸出来的，现在孩子成长缺少的不是老师，而是欣赏他们的观众。

3. 适当的批评与惩罚使孩子懂得承担责任和义务。美国前总统里根小时候在学校踢足球，不小心打碎了一块玻璃，一块玻璃需要 25 美元赔偿，里根回到家把事情告诉了爸爸，父亲答应借给他 25 美元赔偿学校，并要求他短时间偿还。为此，里根利用休息时间卖报纸、擦皮鞋，积攒了 25 美元还给了爸爸。在辛勤劳动的过程中，里根懂得做错了事就得承担责任。批评与惩罚使里根从小就形成了责任意识，当他成为美国总统后，他深深懂得对国家、对人民的责任。

4. 放下架子，多与孩子沟通，做孩子的知心朋友。中国的父母亲家长意识很强，总希望孩子听“我”的，哪怕是错误的也不允许孩子申辩，孩子的“顶嘴”常常被认为忤逆不孝，长此以往孩子是非不辨、逆来顺受、心灵封闭、性情怪异，同时家长失去了了解孩子、引导教育孩子的机会。我们需要民主和谐的家庭，家长只有把孩子当成朋友，并尽力做孩子的知心朋友，才能营造一个人人平等的家庭环境，才能培养出心理健康、性格健全、积极乐观、敢于创造的后代。

5. 多经历、多实践，使孩子们在实践中成长、成熟。儿子上了初中后，我发现他对集体的事变得漠不关心，不愿担任班干部。在与他沟通时我了解到原因：一是认为当干部花时间会影响学习；二是觉得当干部时常抛头露面，有出风头之嫌。对此，我一方面积极引导，一方面与其班主任协商，创造机会让他为同学们服务。在实践中，孩子懂得，为班级服务，使同学们得到帮助是人生的一种快乐。

相关链接

与本章节相关的阅读书籍与网络

1. 卢勤：《家庭教育密码》，时代文艺出版社2008年版。

2. 路书红、乔资萍：《中外家庭教育经典案例评析100篇》，山东人民出版社2010年版。

3. 尹建莉：《好妈妈胜过好老师》，作家出版社2010年版。

4. 太平洋亲子网

5. 家庭教育网

思考与练习

1. 什么是家庭教育？你认为家庭教育有哪些优势与不足。

2. 父母在家庭教育中起着怎样的作用？请结合自己成长的经历，谈谈自己父母的教育作用。

3. 家庭教育的内容有哪些？请结合自己的成长经历，谈谈有效的家教方法。

第七章
女性与家庭资源管理

- 了解家庭资源的内涵及内容。
- 掌握家庭理财与消费的内容及方法。
- 了解其他家庭事务的管理要求。

家庭资源管理是现代社会家庭管理的重要内容之一。因为家庭资源存在于家庭生活的方方面面，从某种意义上讲，对现代家庭的管理，就是对家庭资源的有效利用。因此，如何有效地管理和利用家庭资源，就成为女性的必修课。本章从家庭资源的管理、家庭理财与消费两个方面，讲述女性与家庭资源的管理。

其实，在科学技术发展的今天，资源虽然随处可见，但只有懂得善用资源的人才能得心应手，处处逢源。家庭资源作为现代家庭的重要内容之一，已越来越引起现代女性的关注。因为，在现代社会，家庭资源不仅仅表现为物质金钱，还包括了更加丰富的内容。因此，现代女性要管理好家庭，就必须学会管理好家庭资源。

第一节　家庭资源管理

小丽是一所幼师学校的学生，学校为了培养学生的社会实践能力，在放暑假前给大家布置了一个任务，即利用暑假到家居附近的幼儿园进行观察实践。接到任务后，大家都忙着到学校拿社会实践的推荐信，只有小丽一点也不着急，原来，小丽的姑姑在幼儿园做副园长，她早在学校提出社会实践要求之前，就利用寒暑假到幼儿园参加实践活动了。

其实，小丽通过姑姑的帮助，更早地了解了幼师学生必备的知识能力，更早地参与了幼儿园实践活动的过程，这就是巧妙地利用家庭资源的结果。那么，什么是家庭资源？对家庭资源应如何管理与使用呢？

一、关于家庭资源

（一）家庭资源的概念

家庭资源指存在于家庭中的各类资源，包括有形与无形的资源。家庭管理的实质是对家庭资源的有效利用。由于家庭资源是帮助家庭实现其满足需求的有用资产，因此，家庭资源管理不单指家庭的财务管理，而是扩大到家庭与社会上，所有可以接触到的各种资源的运用及管理。

（二）家庭资源的内容与分类

家庭资源管理的范围广，内容多，分类方法也各不相同。

一种是按照家庭内资源和家庭外资源进行分类。

1. 家庭内资源

（1）经济支持。家庭对其成员所提供的各种财物支持。

（2）情感支持。爱与关心是家庭资源的根基，关爱适度则不会发生溺爱或漠视；家庭面对压力时，其成员提供的感情支持与精神安慰也是最有效的资源。

（3）健康管理。家庭对其成员健康的维护和对患病成员提供的医疗照顾。

（4）信息和教育。教育程度高，知识、经验丰富者，面对家庭压力或问题时，往往能寻求资源，睿智地提出解决方案，使资源发挥更好的功效。

（5）结构支持。家庭通过改变住宅、设施，适应其成员的需求，如为行动不便或患病成员设置墙壁扶手、浴厕扶栏等。

2. 家庭外资源

（1）社会资源。家庭以外的社会群体，如朋友、同事、邻居等，为家庭成员提供的精神支持，或政府的社会福利机构提供的物质、设备、资金帮助。

（2）文化资源。丰富多彩的文化资源可以提高家庭生活品质，充实家庭生活，缓解家庭成员的情绪和压力。

（3）信仰资源。家庭及其成员可以从信仰中获得精神满足。

（4）经济资源。稳定、充足的经济资源是家庭应对日常生活经济需求的基本保障。

（5）教育资源。通过各种学历、非学历的教育培训，可提高家庭成员教育水平，同时提高应对各种生活压力的能力。

（6）医疗资源。完善的医疗卫生服务体系是家庭成员健康的基本保障。

（7）环境资源。良好的环境资源可以为家庭及其成员提供适宜的生活环境和生活空间。

一种是按照家人资源和环境资源进行分类。即将家庭资源分为“家人资源”和“环境资源”。在“家人资源”中，又包含物力资源和人力资源，而物力资源可细分为物质资源和金钱资源，人力资源又可细分为精力资源、时间资源、能力资源和态度资源。在“环境资源”中，又包含自然资源和社会资源，而自然资源可细分为有形与无形资源，社会资源可细分为人际关系资源、制度资源、设施与服务资源。

二、家庭资源的管理

人类的生活离不开管理，人类生存和发展的某些需求只有通过管理，才能得到满足，可以说，人类没有管理就没有社会生活。家庭生活也离不开管理，没有管理则生活无序，难以维持。

身为现代女性，管理是必备的能力。因为家庭资源是有限的，但家人的目标和欲望却是无穷的。因此，现代女性只有学一点管理的知识与技巧，才能更有效地使用与分配家庭资源，以满足家人的需要。

家庭资源管理的主要目的就是用一种“最有效率”的态度来分配和使用资源，以最少的资源取得最大的效益。这就需要现代女性在家庭资源管理时，要使家庭资源有序化，即使家庭生活有计划、有效益并有发展。

（一）家庭资源管理的思路

理想的家庭资源管理，应是以父母为主要规划者，以母亲为主要执行者，以家庭成员为对象，以家庭成员不同发展阶段呈现出的不同发展任务为需要的管理行为。因此，家庭资源管理的实施，一般是在家庭人力、物力、财力等资源尚未发生严重问题时，用通俗的话说，就是做好日常计划，强调对日常生活质量的控制。在家庭资源管理的过程中，家庭资源管理的执行者——母亲，应了解每位家庭成员发展的需要，通过家庭会议、亲子活动、互通信息等方式，形成家庭资源管理的技巧，达成有效的家庭资源管理。

在现实生活中，现代女性可以遵循这样的步骤，开展家庭资源管理。

一是确认家庭问题、需要和目标。即通过家庭会议或家人间的沟通，了解家庭目前的问题、大家的需要和家庭发展的目标；二是理清价值。即在众多问题中，分辨哪些是重要的、必需的、马上要解决的等；三是确认资源。即了解问题的解决与家庭资源间的关系；四是作出决定；五是评价目标达成的情况。即通过回顾、修正、沟通，使目标顺利达成。

（二）家庭主要资源的管理

1. 家庭人力资源的管理

家人是家庭中重要的人力资源。家人的能力、智慧、经验，家人间的亲情、关系，家人的支持与鼓励，家人的意见与态度，对我们而言是不可或缺的资源。

随着家庭结构的改变，小家庭取代了大家庭成为社会的主流，表面上看起来家庭的人力资源似乎没有以前丰富了，其实不然，因为现代通讯的发达，人与人之间的距离相对缩短，家庭中，如果结合每个人的人际网络，就形成了一个大资源网。因此，要做好家庭人力资源的管理，就应熟悉家人的能力与专长，广纳家人的意见，了解家人的人际关系，在加强个人人际关系的同时，做好与家人的沟通。

2. 家庭人员间沟通的管理

人与人之间必须通过沟通才能了解。沟通的方式是多样的，婴儿的哭，幼儿的笑，人们的表情、动作等，都是沟通的方式，家人间如能保持良好的沟通，则不仅能活跃气氛，还能维持情感。因此，沟通也是一种有价值的家庭资源。

沟通是表达的一方将信息用某种适当的方式传达给接收一方的过程，沟通是人与人之间互动的重要元素，有效的沟通，可以增加个人的资源，进而增加其他资源的运用。

沟通一般分为单向沟通和双向沟通。在一般家庭中，我们常见的是单向沟通，父母常借沟通之名行训话之实，因孩子没有表达与反映意见的机会，因此，达不到沟通的效果。良好的家庭沟通应是双向的，既有表达，又有聆听，即每个人都有机会将自己真实的感受表达出来，以最有建设性的方式传达彼此的信息，达到沟通的目的。

沟通时常用口语沟通和以表情、手势、姿态、动作等为标志的非语言沟通方式。

3. 家庭时间资源的管理

对任何人而言，世间是公平的资源，一年 365 天，一天 24 小时，每个人都是一样的，人终其一生就是时间的积累，但每个人的一生都不一样，究其原因，是每个人对时间资源的分配与使用不同所致，因此要管理好时间。

对忙碌的现代人而言，时间和精力常被多重角色瓜分而显得不足，所以，我们常能听到人们的抱怨：恨不得一天当两天过。其实，我们无法制造时间、储蓄时间，但我们可以有效的管理时间，做时间的主人。

那么，我们应如何管理好自己的时间呢？这里有两种管理的方式：一种是效率化的时间管理，一种是计划性的时间管理。

效率化的时间管理，是根据个人与家人的时间，确定各项需要，根据需要拟定目标，再由目标决定先后顺序。然后，将其他资源和时间资源进行整合，尽可能考虑家庭成员的各项专长。

而计划性的时间管理，则是利用拟定时间计划表的方式，使时间的管理有计划。这需要我们做这样几项工作：一是划分时间计划的单位；二是填写每日例行性工作，再妥善安排剩余时间；三是列出一周内要达成目标的先后顺序，根据顺序填写时间表；四是留出弹性时间；五是严格按计划行事。

4. 家庭精力资源管理

个人的精力资源是一种极有价值的资源。每个人的精力资源，因受个人体质、心理动机、身体健康等因素的影响而各不相同，由于睡眠、情绪与饮食、时间时段等因素也会影响人的精力，因此，要加以管理。

精力资源和时间资源一样，虽每天都可以补充，但并非取之不尽，用之不竭。精力资源是从事活动的基础，掌握好了才能达到最大效益。

你是否观察过自己的精力在一天中什么时候最好？什么时候最差？从事什么活动时最旺盛？

其实，家庭精力管理首先应了解管理的目的，尽可能地使家庭成员间的精力相互调整协调，把精力资源的可能性增加到最大限度，让家庭中的每个人都有足够的精力去完成预定的目的，也就是说，用最小的精力完成最多的工作，并达到最大满意度。其次要了解家庭成员的精力曲线，并通过家庭成员间的沟通，使家庭成员形成相对统一的作息时间，以保障家庭成员精力曲线的相对统一。三是关注家庭成员的健康状况，并安排好家庭成员的饮食起居，以保障家庭成员的精力。

5. 家庭金钱资源的管理

金钱是一种有限的资源，个人和家庭常会需要金钱来满足一些目标，达成一些设想，但金钱不是取之不尽，用之不竭的资源，因此，必须有效管理才能满足生活的目标与生活的质量。

对于家庭金钱资源的管理，我们将在第二节专门讲述。

资料卡

日常生活中的家庭时间管理

现代女性特别是职业女性都很重视对工作时间的规划，忽视对家庭生活时间的规划。其实家庭生活中的时间浪费，常常是在不经意间发生的，要想管理好家庭生活中的时间，就要进行计划。

1. 起床时间的管理

起床是人们每天都要面临的问题，特别是对晚睡的人而言，更是一件困难的事情，要管理好自己的起床时间，就要养成良好的生物钟，并利用闹钟叫醒自己。由于早晨是否能在愉快中醒来，会对一天的工作产生影响，因此时间管理专家建议，要使自己在愉快中醒来，应用自己最喜欢的音乐叫醒自己。

2. 吃饭时间的管理

人一天中的精力要靠“生物钟”来调节，也许有人认为只要前一天晚上睡得足，第二天自然精神抖擞。其实，除了睡眠外、早餐、午餐和晚餐进行得好坏，和一天的精神状态也有很大的关系。因此，早餐要吃好，中餐要吃饱，但高脂肪的食物容易令人发困，应尽量少吃。通常，咖啡是相当有效的提神物质，但上午喝咖啡对提神并没有多大效用，一天中人体内咖啡含量最低的时候，是在下午四五点左右，所以如果晚上还有工作要做，不妨在这时喝杯咖啡或茶，那么接下来的 6 个小时将可保持头脑清醒。

3. 衣装时间管理

衣装时间管理是职业女性时间管理中不可回避的问题，在衣装上花费的时间包括装扮定位、了解时尚、穿着打扮等。

装扮定位清楚很重要，因而有这样几种定位要考虑。一是目标性穿着。也就是说，当老师的要像老师的样子；二是场合性穿着。也就是依工作性质、场合的不同，做不同的装扮；三是沟通性穿着。这种方式是视接触对象的不同来决定穿着。

衣装时间管理的最有效做法是提前选好衣物，也就是说将选择衣物的时间放在晚上而不是早上，即提前做好准备。

4. 身边物品的管理

“丢三落四”是造成现代女性浪费时间的重要原因之一，管好身边的物品，不但可以节省时间，更可以避免需要某种东西时找不到的焦急。这需要我们准备一个固定用途的袋子，将重要东西放置其中，另外还应养成自动检查的习惯。

第二节　家庭理财与消费

雅静毕业后，应聘到一家外企工作。由于工作勤奋成绩突出，很快走上了部门管理人的位子，随着职位的升迁，工资待遇也不断上升，可雅静仍感到钱不够用。

原来，当雅静的职务变动后，工作压力也随之增加，购物就成为雅静排解压力的办法，于是，频繁地购买各种物品，成为雅静的嗜好，这样一来，原本增长的工资就相形见绌了，自然雅静的高工资与不断增长的高消费之间，就不成比例了。

看来，不论多么高的工资，没有很好的理财计划和方法，都将出现入不敷出的情况。可见，理财对每个人是多么重要。那么，现代女性应如何理财与消费呢？

“男主外，女主内”，男性在外打拼挣钱，女性在家管理家财，是中国传统家庭的生活模式。今天随着社会的进步，现代女性在家庭经济生活方面，不仅是家庭财富的创造者，也是家庭经济的管理者。因此，理财与消费已成为现代女性日常生活中必须面对的一个课题。

一、现代家庭理财

（一）关于家庭理财

1. 家庭理财

什么是理财？理财就是管钱。俗话说“你不理财，财不理你”。确实，我们的收入就像一条河，而财富是我们的水库，花钱如流水，而理财就是管好水库，开源节流。

理财用通俗的话讲，就是把握好三个环节，一是攒钱；二是通过基金、股票、债券、不动产等方法生钱；三是通过购买保险护钱，而对这三个环节的操作，就是我们通常所说的理财。因此，在理财的过程中，应以管钱为中心，攒钱为起点，生钱为重点，护钱为保障。

家庭理财则是管理好自己的财富，从而提高财富效能的经济活动。有效、合理地处理和运用钱财，让自己的花费发挥最大的效用，以达到最大限度地满足日常生活需要的目的。

2. 家庭理财的作用

(1) 合理安排收入和支出，使家庭生活稳定。家庭经济生活要稳定，除了有稳定的工资收入和其他合法的非工资收入（股息、债券利息、专利转让、专利分红等）外，主要的还要有一个对资金的收入和支出的合理安排，若家人挥霍浪费或入不敷出、或卯吃寅粮等，都会导致家庭经济生活的不稳定，而资金的科学调度和合理安排，就能使家庭生活趋于正常的保证。

(2) 合理安排收入和支出，提高家庭生活水平和质量。家庭生活水平和生活质量的提高，是以物质生活水平的提高为基础的，而这个基础就是家庭的资金收入。一个家庭如果没有一定的资金收入，家庭就没法生活，有了适当的或更多的资金收入，如果安排不好，家庭的生活水平与质量也不一定有较大的提高。究其原因，家庭理财的方法和效益起着重要的作用。有的家庭收入并不多，但因为理财的方法科学，效益好，生活过得圆圆满满，非常舒适，而且还能不断地添置生活用品。有的家庭收入颇丰，但由于不善于安排，日子过得紧巴巴，甚至会出现这样或那样的问题。因此，合理安排收入和支出，是提高家庭生活水平和质量的重要手段。

(3) 合理安排收入和支出，使家庭生活防患于未然。家庭理财的功能和作用，不仅仅是为了把今天的生活安排好，还是为了将明天的生存与发展规划好，使家庭生活防患于未然。因为，对于家庭管理而言，各个不同的阶段有不同的发展规划和任务，当子女尚小时，家庭的主要责任是抚育孩子；当子女长大时，家庭的主要任务是教育孩子。因此，合理的安排收入和支出，可以使家庭在各个不同的阶段，有的放矢地进行发展规划，保证家庭的可持续发展。

资料卡

女性参加工作应做的三件事

现代女性走入社会参加工作后，会拿到自己的第一份薪酬，面对薪酬应如何使用？最明智的做法是在保障基本生活经费后，尽早做以下三件事情。

1. 建立储蓄基金。将自己收入的20%～30%纳入储蓄基金。

2. 预算教育支出。将自己收入的10%～15%作为教育支出，用于参加各种形式的教育活动，以增长知识，掌握技能，为将来的发展打下坚实的基础。

3. 建立健康保险。将自己收入的5%～10%用于购买健康保险，以使自己的健康有保障。

3. 家庭理财的思路

（1）考虑家庭资产的配置。一个稳定的家庭在家庭理财中，首先要考虑的是家庭资产的配置，即拿到手上的钱应如何分配。一般我们应做这样的分配：第一份：应急的钱，6个月至一年的生活费。这部分资金应存银行，即活期、定期，或者货币市场基金。第二份：保命的钱，三年至五年的生活费。这部分资金可定存，或买国债，或购买商业养老保险等。即保本不赔或只赚不赔的投资。第三份：闲置的钱，五年到十年不用的钱。这部分资金可以用来购买股票、基金，或做房地产，或跟朋友合伙做生意等。

（2）摆脱家庭理财的误区。对于现代女性，在家庭理财中，存在着这样三个误区。一是认为理财是有钱人的事。其实工薪家庭更需要理财，因为与有钱人相比，工薪家庭面临着更大的教育、养老、医疗、购房等现实压力，更需要理财增长财富。二是有了理财就不用保险。其实保险的主要功能是保障，对于家庭而言，没有保险的理财规划就是无本之木。三是家庭理财应在投资操作上实行“短、平、快”。其实，不是短线频繁的操作就一定挣钱多。四是盲目跟风，冲动购买。其实，在最热门的时候进入，往往是最高价的投资，要理性投资，独立思考，货比三家。五是过度集中投资和过度分散投资。其实过度集中投资无法分散风险，过度分散投资会使投资追踪困难，无法提高投资效率。

（二）家庭理财的内容

一个相对完备的家庭理财计划应包括这样几方面的内容：一是职业计划；二是消费和储蓄计划；三是保险计划；四是投资计划。

1. 家庭储蓄

储蓄是所有理财手段的基础，也是一个人自立的基础。它来源于计划和节俭。

储蓄具有手续方便、使用灵活、利息固定和无风险的特点，其主要业务种类有活期、定期、定活两便、零存整取以及外币储蓄等。近年来，有些银行还推出个人存款抵押贷款业务等新的储蓄业务。居民个人选择何种储蓄方式，应根据个人和家庭的实际情况而定。

储蓄要有规划，可以在每个月发薪水的时候，在工资里划出10%～20%的钱，用于稳定的储蓄投资或基金投资。不可想着利用月底剩下的钱去储蓄，这与用储蓄剩下的钱来生活的观念是完全不同的。前者在消费时会显得没有节制，后者由于已将一定比例的钱用于投资，会好好规划剩余的钱，从而养成计划用钱的习惯。

2. 家庭保险

保险在家庭理财中是不能节省的支出。因为意外无处不在，一旦遇上，拥有家庭保险，则可化险为夷。因此，年轻时买保险，是对年老时承担责任；给自己买保险，是对家人承担责任；给家人买保险，是对将来承担责任。

保险按大类可分为社会保险和商业保险，以保险标的为分类标准可分为人身保险、财产保险、责任保险等。市面上的保险种类很多，常见的有以下几类。

（1）人寿保险。人寿保险是人身保险的主要类别，是一般家庭重点考虑的险种。投保人寿保险，即可获得对未知风险的保障，使投保人在受到意想不到损害时，本人或家庭可以得到经济上的补偿，从而确保家庭经济稳定。人寿保险也可以作为一种储蓄和投资工具，在保险有效期内，不仅可以得到保险金额，还能获得其他报酬。人寿保险名目众多，目前市场上主要有普通人寿保险和特种人寿保险。普通人寿保险包括死亡保险、生存保险、两全保险和年金保险；特种人寿保险主要有简易人寿保险和团体人寿保险。

（2）意外伤害保险。意外伤害是指遭受外来的、突发的、非本意的、非疾病的使身体受到伤害的客观事件。意外伤害保险是指在保险期内一旦遇到意外而死亡、永久性伤残、支出医疗费用或暂时丧失劳动能力所获得的保障。意外伤害保险最好和人寿保险搭配投保。意外伤害保险只对短期性质的安全风险提供保障，过期没出事保险自然失效。因此，在经济条件许可的情况下，最好把意外险附加在一个适当的寿险里，使意外保险有一个完整的保险计划，除了保障生命安全外，还能兼顾疾病、年金、养老、医疗等问题，使自己和家庭有一个全面而长久的保障。

(3) 医疗保险。医疗保险即医疗费用保险，主要包含门诊费用、药费、住院费用、护理费用、医院杂费、手术费用及各种检查费用等。而保险公司所提供的医疗保险的常见品种有普通医疗保险、住院保险、手术保险、特种疾病保险、住院津贴保险和综合医疗保险。

(4) 家庭财产保险。家庭财产保险是承保因自然灾害和意外事故引起的对家庭和个人所有财产的损害。主要包括普通家庭财产保险（如家电、家具、古玩、艺术品等）、房屋保险（包括房屋本身及内部附属设备，如暖气、供电设备等）以及机动车辆保险（指汽车、电车、电瓶车、摩托车、拖拉机、各种专用机械车、特种车辆等）。家庭财产保险的保险责任主要包括：火灾、爆炸、雷电、冰雹、洪水、海啸、地震、地陷、崖崩、龙卷风、泥石流等自然灾害；空中运动物体的坠落及外来建筑物和其他固定物体的倒塌；在发生上述灾害事故时，为防止灾害蔓延或持久所采取的必要措施，造成保险财产的损失和所支付的合理费用；投保家庭财产保险附加盗窃险或家庭财产两全保险的，凡存放于保险地址室内的保险财产，因遭受外来的、有明显痕迹的盗窃损失，保险公司负责赔偿。

(5) 社会养老保险。我国养老保险体系分为三个层次：一是基本养老保险。是按国家统一政策规定强制实施的为保障广大离退休人员基本生活需要的一种养老保险制度。二是企业年金。即企业补充养老保险，是企业根据自身经济实力，在国家规定的实施政策和事实条件下为本企业职工建立的一种辅助性养老保险，由国家宏观指导，企业内部决策执行。三是个人储蓄性养老保险。是由职工个人自愿参加、自愿选择经办机构的补充保险形式。

3. 家庭投资

股票作为家庭投资的一种常见形式，已十分普遍。但股票是一把双刃剑，它既能使投资者获得高利益，又能使其破产。

在买卖股票时，可借鉴的经验：一是选择黄金股。所谓黄金股是指发行股票的企业具有黄金股的价值，如企业的经营状况良好，经济效益较高，产品更新快、市场潜力大，企业文化品位高等。选择这样的企业认购股票，投资者可以获利。二是选择长线投资。股票有短线投资，也有长线投资。长线投资，就是选准企业，认购股票，长期不卖、不买。股市里有一句名言："耐心是一种财富"，说的就是持股者要稳重，有耐心，不为一时的不利所动，也不为一时的失手悲愤。三是全面考虑，降低风险。股票投资是有风险的，但这种风险可以避免。这里的避免，是指避免周期性的大风险。要降低风险，首先要有风险意识，其次要全面考虑带来风险的各种因素，分析股票交易的经验和教训，掌握股票运作的规律性特点，这样持股者才能应对自如地进行交易。

4. 家庭基金

家庭基金是根据家庭生命周期的特点，有针对性地设立家庭发展基金。家庭基金一般包括：

（1）家庭基本生活基金。家庭基本生活基金的作用是保证家庭基本生活，如吃、穿、住等的费用。这笔费用可在家庭预算中明确表示出来，以保证家庭基本生活的开销和用度。

（2）家庭健康基金。随着生活水平的提高，人们对身体健康更加注重，所谓“投资买健康”，就是居民健康意识增强的表现。家庭健康基金的用途是购买健康保险、绿色食品、保健品和保健运动器械等。

（3）家庭教育基金。目前，我国居民的家庭消费中约有30％用于对子女的教育。对子女的教育关系到子女的前途，关系到家庭发展的前途与命运，家长应给予特别关注。因教育的周期长，费用多，设立一项家庭教育基金是十分必要的。

（4）家庭文化基金。文化基金主要用于家庭成员的文化消费，如体育运动、科技文化学习、文化娱乐和外出旅游等。

（三）家庭理财方法

家庭理财的方法很多，其主要的方法有：

1. 预算法

常言说：“预则立，不预则废。”家庭理财也是这样，每周、每月、每年的家庭收支情况，应事先有个谋划和打算，这就是家庭预算。

家庭预算是指在家庭消费前，事先对家庭中经济收入与支出加以谋划和盘算，以使家庭收支保持平衡。具体来说，家庭预算的主要作用，一是改善家庭经济管理，提高家庭财力的使用效率；二是使家庭的生存需求、享受需求和发展需求以及目前需求与长远需求得到统筹安排，使生活水平和生活质量得到提高；三是使家庭经济收支平衡，略有盈余，保证家庭经济生活的稳定。

那么，应如何编制家庭预算呢？

（1）确定预算周期。预算周期就是预算实施的有效时间。我国城镇居民多属职工，工资是主要收入，故预算周期以一个月为宜。农村的生产周期较长，故以季、半年或一年为宜。

（2）编制预算表格。预算周期确定后，就要根据家庭的收入科目和支出科目编制预算表格，使预算内容、收入科目与支出科目数字化、具体化，具有可操作性。

（3）预算实行。编制预算后就要实行。家庭预算的实行最好由家庭中最重要的成员来实行。

（4）月终决算。对预算执行的情况及时的进行清理、总结，这就是决算。

（5）信息反馈。把决算的情况及时反馈到下一预算周期，使预算更加科学、合理。

2. 簿记法

簿记法是用家庭账簿实行家庭记账。

如果说预算法是家庭理财的宏观管理方法，那么，簿记就是家庭理财的微观管理方法。

家庭簿记，要求把家庭每天、每周、每月、每年的收入与支出账目一一记载下来，家庭什么时间，什么项目，收入多少；什么时间，什么科目，支出了多少，详尽地记录下来，观之，井然有序，一目了然。

家庭簿记的好坏，往往直接关系到家庭财务管理的优劣，关系到家庭经济效益的优化和生活水平的提高。因此，做好家庭簿记，对于提高家庭消费效益有着十分重要的意义。

家庭簿记的方式很多，根据簿记的功能，可分为两类，即总账和分类明细账。

（1）总账。总账是对于账情复杂、明细分类较多的家庭设置的一种记载重要科目收入和支出以及家庭总收入和总支出的账目。

（2）分类开支明细账。明细账就是家庭日用账，它记录每天某类开支的多少，具体反映某一类收支预算，是预算总表的细化和补充。通过分类开支明细账，可以更清楚地表明，钱花在哪里，花了多少。一个周期完了，再把明细账中的总数填入预算决算总表中。

3. 保值法

保值，就是使家庭收入通过保值的措施和方法，使货币的实际含金量，在经济不利的条件也不会因此而贬值的方法。

货币保值的方法有以下几种：一是保值储蓄。国家的商业银行和人民邮政，为使居民的货币不贬值而推出“保值储蓄”的项目，以保证储蓄居民的财富相对不受损失。二是投资房地产。房产和地产是一种特殊的产业，具有不可再生性和增值性。有些家庭收入不多，可以把部分资金投资房产或地产，以保证家庭资金的保值或增值。三是硬通货投资。硬通货主要指黄金和白银。金银作为一种财富，具有稀缺、贵重、衡定以及其他商品不可替代的特点。且金银体积小，便于保存。因此，它成为不少居民竞相投资的一种货币保值手段。硬通货投资最常见的是投资黄金。黄金是一种稀有的贵重金属，它分成生金和熟金两种。生金称天然金，熟金可按成色高低分为纯金、赤金和色金。国家规定，99.98%以上的黄金是纯金；99%以上、99.98%以下的为赤金；99%以下的为色金。四是投资古玩字画。古代流传下来的具有一定文化价值的器物和书法绘画，都具有稀少、贵重的特点，是家庭投资保值的一种可供选择的方法和手段。随着经济的发展和人们生活水平的提高，古玩字画会不断升值。生活富裕、对古玩字画有兴趣的家庭，可以拿出部分资金投资古玩字画。

资料卡

家庭不同阶段的理财要点

1. 单身期的2年～5年，主要指参加工作至结婚前阶段，此时收入较低花销较大，此时理财的重点不在获利而在积累经验。

理财建议：60%风险大、长期回报较高的股票、股票型基金或外汇、期货等金融品种，30%定期储蓄、债券或债券型基金等较安全的投资工具，10%活期储蓄以备不时之需。

2. 家庭形成期的1年～5年，主要为结婚生子的时期，此时家庭经济收入增加，生活稳定，因此理财的重点是合理安排家庭建设支出。

理财建议：50%股票或成长型基金，35%债券、保险，15%活期储蓄。保险可选缴费少的定期险、意外险、健康险。

3. 子女教育期的20年，主要是子女教育、生活费用猛增的时期。

理财建议：40%股票或成长型基金，但需更多规避风险，40%存款或国债用于教育费用，10%保险，10%家庭紧急备用金。

4. 家庭成熟期的15年，主要为子女工作至本人退休的时期，此时是人生、收入的高峰期，适合积累，因此重点可扩大投资。

理财建议：50%股票或股票类基金，40%定期储蓄、债券及保险，10%家庭紧急备用金。接近退休时用于风险投资的比例应减少，保险偏重养老、健康、重大疾病险。

5. 退休期投资和消费都较保守，理财原则身体健康第一、财富第二，主要以稳健、安全、保值为目的。

理财建议：10%股票或股票类基金，50%定期储蓄、债券，40%活期储蓄。资产较多者可合法避税将资产转移至下一代。

二、现代家庭消费

消费是人类的一种经济活动，是生活的必然需要。家庭消费就是通过对收入的支出来满足家庭成员的消费需求。一个家庭无论其收入高低，富裕和贫困，都要面临如何消费的问题。那么我们作为消费者，具有哪些权利与义务呢？应如何合理的消费？家庭购物中又应掌握哪些知识和技巧？这些都是现代女性需要学习与探讨的问题。

（一）了解消费者的权利与义务

1963 年国际消费者组织联盟根据 1962 年美国总统首次提出的消费者四大基本权利，经过修订，确定了消费者的八大权利、五大义务，并成为世界各国消费者的共识。

1. 八大权利

（1）满足基本需求的权利——消费者对维持生命的基本物质与服务，有要求的权利；

（2）求取安全的权利——消费者在购买商品时，有获得安全保障的权利；

（3）了解真相的权利——消费者对可作为选择参考的资料，有被告知真相的权利，包括：使用方法、成分、性能、价值、规格等；

（4）选择的权利——在自由竞争情况下，消费者对商品有选择并获得满意品质的权利；

（5）表达意见的权利——消费者有反映意见给生产者的权利；

（6）求偿的权利——对有瑕疵的产品，或低劣品质的服务，或因使用产品受到伤害的，有要求赔偿的权利；

（7）享受消费者教育的权利——消费者对于有关消费的知识和技能，有获得的权利；

（8）享有健康环境的权利——有权要求在安全、不受威胁且有人性尊严的环境下购物的权利。

2. 五大义务

（1）认知的义务——对产品的品质、价格、说明与服务等，有提高警觉，提出质疑的义务；

（2）行动的义务——对伪劣商品有采取行动的义务；

（3）团结的义务——有团结并发挥影响的义务；

（4）关怀的义务——对自己的消费行为，有确保不对别人或社会造成伤害的义务；

（5）环保的义务——消费者对日常消费与消费行为，有了解是否会对环境造成污染的义务。

（二）合理安排家庭消费

家庭的消费可分为：生存消费、发展消费、享受消费三个方面。生存消费是指维持和延续人们生活的基本生活消费，如房租、水、电、煤气、食品、日用品、服装等；发展消费是指能发展人的体力、智力的生活资料，如报刊、书籍、文具用品等；享受消费是指高档消费品。

正常的家庭消费结构应首先保证生存消费的需要，再保证发展消费的需要，然后再考虑享受消费的需要。如果把这个顺序搞颠倒了，就会造成家庭经济的混乱。

合理的家庭消费，则强调消费过程中勤俭持家和积极进取的消费理念，要求消费从家庭经济实际出发，有计划地进行消费。在消费安排中，既安排好家庭物质生活的需求，同时也注意精神生活的需求，以提高家庭成员的文化素质，既勤俭节约，同时也安排符合时代需求的新的消费热点，不保守。

合理安排家庭消费的具体方法是怎样的呢？那就是对消费要有预算。

一般来说，家庭的主要收入包括两部分，即工资和其他收入，如奖金、加班费、补助费等。当拿到工资后可根据当月的情况作大致的预算，预算包括先买什么，后买什么。从日常生活看，工资预算的顺序是：每月固定支出，如房租、水电费、孩子的食品费；日常生活费，大致包括全家的伙食费、子女的教育费、书刊费、必须添置的生活用品费，这些预算可以高一些，以保证生活所需；可花可不花的费用，这类预算可本着节约的原则略低一些；存储的金额，这部分应在月初进行操作。对额外的收入，也可以进行预算，比如，将其中的一半储蓄起来，用于购置大件物品；将其中的30%用于添置一些日常生活用品；将其中的20%作为机动，用于不可预测的支出。

（三）掌握购物小知识

合理消费不仅包含了家庭消费的安排要合理，还要求现代女性要拥有一定的家庭购物知识与技巧。

购物作为一种在零售商店拣选或购买货品或服务的行为，既是一种经济活动，也是一种休闲活动。其基本要求是：购物应有计划，要避免随意性行为；购物要“货比三家”理智分析，要避免冲动性消费；应辨别防伪标记，抵制假冒伪劣产品。

那么在购物中，现代女性应掌握哪些知识与技巧呢？

1. 认识防伪标志

防伪标志又称防伪标签、防伪商标，是能粘贴、印刷、转移在标的物表面，或标的物包装上，或标的物附属物上，具有防伪作用的标识。

常见的防伪标签有哪些种类呢？

（1）变温型。防伪标志受热后，某个部分颜色会发生变化，用火熏或用烟头烫一下，其图案颜色便会显现出来。

（2）荧光型。其防伪标志用专用的紫光灯一照就会发亮，清晰地现出特定的图案或文字。

（3）激光全息型。将图案或人像从不同角度观看，就会产生不同的颜色。

（4）隐形技术。如核微孔防伪标签，即核径迹防伪。即通过重离子发生器或核反应堆成像法辐照有机薄膜，形成电离损伤，使其成为微孔，由微孔构成图文。其防伪特征是：在可见光下，由于微孔衍射与散射作用，人眼观察到的视觉效果为白色图文。若滴水其上，水渗入微孔，图文消失。若用有色液体涂抹，有色液体渗入微孔，擦去表面有色液体，呈现有色图文。

（5）磁码技术。该防伪标签利用磁性油墨以印刷方式制成。例如，将磁粉制成磁性油墨以 PS 胶混版、丝网等印刷方式将其信息特性（如码条、码宽、码距）和磁特性（剩磁比例、矫顽力比例）进行混合编码。用隐含磁码鉴别仪识别（以冲击法传感作快速磁性测量，准确测试编码材料的各种特征，并完成逻辑译码）。

2. 查看其他标志

购买商品时，除了认识防伪标识，还要做到“五查”。一查商标印制是否清晰；二查产品包装上是否标明生产厂家和厂址，有无质量检验合格证明；三查有无标明产品规格、等级、主要成分的名称及含量，以及使用方法的说明；四查限期使用的产品，是否标明生产日期，安全使用或失效日期；五查包装是否符合规范，有无破损等。

3. 认识各类商品标记

商品标记是附着在商品上用来说明商品的材料构成、产地、重量、生产日期、质量保证期、厂家联系方式、产品标准号、条形码、相关的许可证、使用方法等商品信息的标识，是现代女性在购买商品时，应掌握的基本知识。

真皮标志。真皮标志的注册商标是由一只全羊、一对牛角、一张皮形组成的艺术变形图案。整体图案呈圆形鼓状，图案中央有 GLP 三个字母，是真皮产品的英文缩写，图案主体颜色为白底黑色，只有三个字母为红色。图案寓意：牛、羊、猪是皮革制品的三种主要天然皮革原料，图案的圆鼓状，一方面象征着制革工业的主要加工设备转鼓，另一方面象征着皮革工业滚滚向前发展。

洗衣机标识。洗衣机一般用汉语拼音字母表示其类型，“P”为自动或半自动型普通洗衣机，“B”为半自动型波轮洗衣机，“Q”为全自动洗衣机。

布匹。布匹质量的好坏要看标签的颜色，一般红色为一等品，绿色为二等品，蓝色为三等品，黑色为等外品。

羽绒制品的信誉保证标志是由中国羽绒工业协会注册的证明商标，标牌主题是黑底白字，在贺形图案内圈有一根自然状态的白色羽毛，羽毛左侧的字母“FD—PCCL”是羽绒制品信誉保证的英文品。

进口商品。凡经过国家商检的进口商品都有商检标志，图形（CCIB）（中华人民共和国进出口商品检验局的英文缩写），图中心 CCIB 字母下的 S 代表安全，H 代表卫生，Q 代表质量。

中国药品品种认证标志为“GMB”，用于通过国家专门机构认证，符合安全，质量标准的药品。

玩具产品安全认证标志（萌芽图案），由中国玩具安全认证委员会颁发，证明该玩具符合安全要求。

绿色食品标志，由太阳，植物叶片和蓓蕾图案构成，经中国绿色食品发展中心认证许可使用，说明该食品符合“卫生，无公害”的要求。

相关链接

与本章节相关的阅读书籍与网络

1. 陈镇，赵敏捷：《家庭理财》，清华大学出版社 2009 年版。

2. 简红雨：《现代家政学》，重庆出版社 2002 年版。

3. 陈红玲：《家庭理财与投资常识》，宁波出版社 2008 年版。

4. 家庭理财主妇网

思考与练习

1. 家庭资源有哪些主要内容？

2. 在校学习期间你将如何有效地分配时间？请设计一份复习周的时间分配表。

3. 家庭理财的思路与误区有哪些？

4. 毕业后，假如你的月工资为 3000 元，你打算怎样合理支配？请列出安排计划表。

第八章 女性与家居环境管理

- 了解家居环保的知识。
- 提升对家居环境的装饰能力与鉴赏能力。
- 了解家居保洁的重要性以及常用的家庭保洁小妙招。
- 掌握家电选择与使用的相关知识。

温馨和谐的家居环境是现代女性的追求和向往，家居环境不仅是家庭建设的重要组成部分，是家庭美学中一幅绚丽的图画，更是关注家庭成员身心健康的重要因素。家居环境在一定程度上反映着居住者的知识、文化、兴趣与审美，因此打造家居环境，是现代女性需要学习的内容。本章从家居环保、家居装饰、家居保洁与安全管理、家电的选择与使用等方面，将家居与健康相联系，将家居与审美相结合，帮助现代女性，在营造健康、和谐、美丽的家居环境的同时，树立正确的家庭生活观，激发积极向上的审美情趣。

家作为人们居家生活的环境，是情感的港湾、灵魂的栖息地和精神的乐园。随着社会的高速发展，特别是生活工作节奏的加快，家成了人们最真实、最自我的一个空间，在家里全身心的放松和休息，让身体和精神都保持良好的状态，这实际上是人们一种快乐工作、快乐生活的根基。正是由于这种自我的展现，使家居成为人们身份地位、自身品位、情感寄托的象征，成为表现自己独特生活方式的载体。这说明现代都市生活，已从简单的生理享受上升到精神享受的层次。人们对家以及家居环境的需求，已不再满足于它的实用性，而开始关注它能否带给人们健康，给予人们情感等更多的内涵。

第一节　家居的环保

情景案例

搬进新居的小李邀请同事到家里玩，来到小李家，大家有种不想离开的自然清新感，原来，小李家大胆的使用了鹅黄色搭配嫩绿色，且每个功能房的颜色都不相同，在房间的装饰上，通过绿色植物的巧妙点缀，使家自然清新、美丽实用。大家在感慨赞赏之余，要求小李讲讲装修成功的原因。小李说：由于孩子刚满一岁，鹅黄色这鲜嫩的颜色，可以给孩子温暖活泼的感觉，而绿色可以中和黄色的轻快感，让空间稳重下来，使人感到温暖的同时放松心情，而绿色植物的点缀，则为室内提供了清新、健康的空气。随着小李的讲解，大家不由得赞叹起她的环保理念与家装知识……

看来，现代女性拥有一定的环保理念与家装知识，不仅能提升生活的品质，还能健康地生活。那么，我们应具有家居环保的哪些知识呢？

环境保护是指人类为解决现实的或潜在的环境问题，协调人类与环境的关系，保障经济社会的持续发展而采取的各种行动的总称。家居的环保，则是指在创设家居环境时，将环保的理念与知识，运用于家居环境中，即善用色彩、巧用空间、点缀植物等。

一、善用色彩

色彩是大自然的恩惠和杰作。面对一潭碧绿的池水，一束金黄的花卉，一片翠绿的雨林，一块褐亮的石头，人们不仅会激动万分，还会心驰神往。确实，不同的颜色会对人的情绪和心理产生不同的影响。人们在生活中接触的热源，如火焰、阳光等都是以红、黄颜色为主，因此，我们把以红、黄为主的色彩称为暖色调，暖色调体现着温馨、热情和欢快。而植物、海洋等凉爽物质的颜色都是以蓝、绿为主的，因此，我们常把蓝、绿为主的颜色称为冷色调。冷色调体现着冷静、湿润、淡薄的气氛。

（一）家居颜色与心理

家居颜色会影响人们的心理是现代女性必须关注的家居环保知识之一。

红色一般表示吉祥喜庆的色彩，但若家中红色过多，会使人感到眼睛负担过重，身心受压，容易出现焦躁感与疲劳感，所以，客厅、卧室很少以红色为主题，一般只作为搭配的少部分色调。

黄色一般给人以高贵、娇媚的印象，可刺激精神系统和消化系统，还可使人们感到光明和喜悦，有助于提高逻辑思维的能力。但若家中黄色过多，容易心情闷忧，烦热不安，因此，黄色最好与其他颜色搭配使用。

绿色是大自然的色调，有助于消化和镇静，促进身体平衡，对好动者和身心受压者十分有益。但由于家居中的绿色，不似大自然中的绿色那么纯净，若使用过多容易使居家者意志消沉。

蓝色是一种极其冷静的颜色，能舒缓紧张情绪，缓解头痛、发烧、失眠等症状，有利于调整体内平衡，使人感到幽雅、宁静。但蓝色也容易激起忧郁、贫寒、冷淡等感情，若家中蓝色过多，在无形中会生性消极。

橙色常给人以生机与温暖的感觉，能使人产生活力、诱人食欲，有助于钙的吸收。所以，橙色常用于餐厅等场所，但过多的橙色，也会使人过于兴奋，出现情绪不良或烦躁的情感。

紫色是浪漫、高雅的颜色，对运动神经系统、淋巴系统和心脏系统有一定的抑制作用，并使人有安全感。但紫色中带有红色，若紫色过多则会在无形中发出刺眼的色感，易使久居家里的人产生一种无奈之感。

（二）家居区域巧用色

1. 客厅

客厅是家居中展示性最强的房间，通常色彩运用丰富，以反映热情好客的暖色调为主，并通过顶部的装饰灯，营造出丰富的色彩效果。客厅色彩的变化，常通过家具色彩的变化来实现，因此，在选择客厅沙发、陈列柜等家具时，要么选择与装修色彩对比度大，要么选择同色系的。

2. 卧室

卧室是人们睡眠休息的地方，由于不同年龄的人们对卧室色彩要求的差异较大，因此，儿童卧室，应以明快的浅黄、淡蓝色为主；青年期是男女特征表现明显的一个时期，男青少年宜以淡蓝色的冷色调为主，女青少年最好以淡粉色等暖色调为主。新婚夫妇的卧室，应采用激情、热烈的暖色调。中老年人的卧室，则宜以淡灰等中间色为主，以帮助人们更好的休息和睡眠。

3. 书房

书房是认真学习、冷静思考的空间，一般应以蓝、绿等冷色调的设计为主，以利于创造安静、清爽的学习气氛。书房的色彩绝不能过重，对比反差也不应强烈，悬挂的饰物应以风格柔和的字画为主。一般地面宜采用浅黄色，墙和顶都宜选用淡蓝色或白色。

4. 餐厅

餐厅是进餐的专用场所，也是全家人汇聚的空间。因此，在色彩运用上应考虑家庭成员的喜好，一般选择暖色调，突出温馨、祥和的气氛，同时要便于清理。餐厅的地面宜采用深红、深橙色装饰。墙壁的色彩可以较为多样化，要么是反映家庭个性的对比度大的颜色；要么是以控制情绪为主的平淡的颜色，无论哪种选择，都要有利于全家人的身心健康。

二、巧用空间

（一）空间安排与心理

建筑是一种带有强迫性的艺术，因为，任何一个已经建成的建筑，都会迫使居住它的人去接受这个建筑。因此，家居空间会对人的心理产生影响。而家居空间对人的影响，主要表现在家居的形态特征和空间特性等方面，如家居空间的大小，大的空间会给人一种宽敞、明亮、通透的感觉，但同时又会使人缺乏安全感和私密性；过小的空间会给人安全感，但同时又会给人压抑和沉闷的感觉。又如，一般人们习惯于在2.4米～3.3米高度的室内活动，如果突然进入2.1米高度的室内，即便我们的身高不到这个高度，仍会觉得房间压抑，这是就空间对人们心理的影响。

那么，怎样的家居环境才是适合现代女性心理需求的环境呢？

1. 具有安全性

一个好的家居环境，应该是具有安全性的环境。我们都有这样的体会，当一个人在与人共有的一个大空间中，人们会本能的先选择靠墙、靠窗、靠近柱、围栏或是有隔断的地方，原因就在于人的心理上需要这样的安全感，需要被保护的空间氛围。因此，当家居环境过于空旷巨大时，人们往往会有一种迷失的不安全感，此时，大多数人更愿意找寻有所“依托”的物体，所以现在的室内空间，越来越多地融入了穿插空间和子母空间，就是为了让空间更具有安全感。

2. 考虑领域性

领域性是指人在家居环境中的生活活动，力求不被他人干扰或妨碍的特性。在家居环境中的领域行为，就是家庭成员针对家居空间所做的一种标志性或保护性的装饰。因为，人在交往的过程中，会根据其人际关系的密切程度，形成人与人之间的密切距离、人体距离和社会距离等。在家庭生活中，这些距离也同样存在。因此，家居环境中，要考虑领域性的问题。

3. 营造私密性

私密性是作为个体的人对空间最起码的要求，只有维持个人的私密性，才能保证人们的完整个性。因此，从某种意义上讲，私密性表达了现代女性对生活的一种心理向往，是作为个体的人被尊重、有自由的基本表现。私密性空间在家居环境中，常通过隔断等设计体现。

（二）家居空间巧安排

1. 巧造视觉空间

我们知道，过小的住房会给人压抑和沉闷的感觉，其解决的方法：一是通过玻化砖、烤漆玻璃等增强反光效果，在视觉上使空间变大。如用黑色烤漆玻璃做电视背景墙，局部黑色及烤漆的反光会使空间产生变大的感觉；二是利用镜子对视觉的“欺骗”作用，在增强居室灯光亮度的同时，会让你在视觉上觉得空间增大；三是用横条纹的造型或配饰延展视觉空间，也能起到这个作用。

2. 巧增收纳功能

收纳功能是现代家居中，不可忽视的问题。其解决方法：一是镂空墙面作出造型，增加储藏功能，当然，这样做的前提是墙体结构必须允许；二是利用床下空间；三是利用隔断当书架，既解决藏书、摆设等问题，又区隔了空间。

3. 巧用异形区域

异形空间是家居生活中不可绕开的话题，如三角形边角空间常不好利用，但做成一个隐藏在壁柜里的三角书桌，就巧妙地利用了这个异形空间；又如斜顶，当斜到一定程度，似乎就成了废空间，如何变废为利？答案是做成储物柜，一方面使斜顶的视觉变高，另一方面柜子里确实可以储存东西，一举多得。

三、点缀植物

（一）植物与家居环保

植物对家居环境的作用，越来越受到现代女性的重视，由于植物的绿色是生命、和平的象征，能给人柔和安定的心理感觉。同时植物能调节空气，吸附灰尘，影响室内温度和湿度，吸收二氧化碳和其他有害物质，释放出氧气，改善空气质量。因此，用植物装点家居，已成为现代女性营造个性化生活环境不可缺少的元素。它在让现代女性获得绿色享受的同时，更感受到价格便宜、品种繁多、简便易行的优势。

那么，家居绿化装饰有哪些主要形式呢？

1. 陈列点缀

陈列点缀是家居绿化中最常用和最普通的一种方式，包括点、线和片三种点缀方式。点式是将盆栽植物置于桌面、茶几、柜角、窗台和墙角，或在室内高空悬挂，构成绿色视点。线式和片式是将一组盆栽植物摆放成一条线或组织成自由式、规则式的片状图形，起到组织家居空间，区分室内不同用途场所的作用，或与家具结合，起到划分区域的作用。

2. 攀附点缀

攀附点缀是利用攀附植物的特点形成隔离带，或利用条形或图案花纹的栅栏，附以攀附植物，起到点缀作用，或分割房间的作用，使室内空间美化并分割合理、协调、实用。

攀附点缀的另一种方法是悬垂吊挂绿色植物，即在窗前、墙角、家具旁吊放一些悬垂植物，一方面改善居室建筑生硬线条造成的枯燥单调感，营造生动活泼的空间立体美感，另一方面，让植物与吊具完美结合，取得意外的装饰效果。

3. 迷你植物点缀

迷你植物点缀是将迷你型观叶植物配植在不同容器内，通过摆置或悬吊在室内适宜的场所，达到装饰点缀家居与绿化美化家居的效果。这种点缀方法，一般要考虑观叶植物与家居环境、家具、日常用品等的搭配，其最好的点缀，是使装饰植物与家居环境高度统一。

迷你植物点缀主要有三种形式，即迷你吊钵、迷你花房、迷你庭园等。

（1）迷你吊钵。迷你吊钵是将小型的蔓性或悬垂观叶植物作悬垂吊挂式装饰。这种应用方式观赏价值高，即使是在狭小的家居空间或缺乏种植场所时仍可被有效利用。

（2）迷你花房。迷你花房是在透明有盖子或瓶口小的玻璃器皿内种植室内观叶植物。它所使用的玻璃容器形状繁多，如广口瓶、圆锥形瓶、鼓形瓶等。由于此类容器瓶口小或加盖，水分不易蒸发而外逸，在瓶内可被循环使用，所以一般选用耐湿的室内观叶植物。迷你花房可以多品种混种，但在选配植物时，应尽可能选择特性相似的植物，这样更能达到和谐统一。

（3）迷你庭园。迷你庭园是指将植物配植在平底水盘容器内的装饰方法。其使用的容器为陶制品和木制品，在使用木制品时，应在底部垫塑料布。这种装饰方式除了按照插花方式选定高、中、低植株形态，并考虑根系具有相似性外，叶形、叶色的选择也很重要。同时，这种装饰最好有其他装饰物（如岩石、枯木、民俗品、陶制玩具或动物等）来衬托，以提高其艺术价值。

（二）家居植物的选择

家居植物的选择由于能起到装饰美化、改善室内生活环境和室内空间结构、环保等作用，因此，家居植物的选择十分重要。在选择室内装饰植物时，一是考虑居室特殊的生态条件，即相对封闭、光照较弱、室温稳定、空气干燥、湿度较低、二氧化碳浓度大、通风透气性差的特点，选择对人们健康有促进作用的植物；二是考虑植物本身的美化功能，选择适合不同场合使用的植物。

1. 门厅

门厅是居室的入口处，包括走廊过道等。由于此处光线较暗，一般选择体态规整或攀附为柱状的植物，主要以叶形纤细、枝茎柔软的植物为宜。如巴西铁、一叶兰、黄金葛、吊兰、蕨类等植物。

2. 客厅

客厅是日常起居的主要场所，既是家庭活动的中心，也是接待宾客的场所。因此，植物的配置要突出重点，力求美观、大方、庄重。如叶片较大、株形较高的马拉巴栗、巴西铁、绿巨人等。

3. 书房

书房是读书、写作的地方。书房绿化装饰宜明净、清新、雅致，从而创造一个安宁、优雅的环境。因此，书房的植物布置不宜过于醒目，应含而不露。一般可在写字台上摆设一盆轻盈秀雅的文竹或网纹草、合果芋等绿色植物，以调节视力，缓和疲劳；或选择悬垂植物，如黄金葛、心叶喜林芋、常春藤、吊竹梅等，挂于墙角，或自书柜顶端飘然而下，以调节视觉，减缓压力。

4. 卧室

卧室的主要功能是睡眠休息。人的一生大约有三分之一的时间是在睡眠中度过的，因此，卧室的植物布置应围绕休息和健康的功能进行，通过植物营造舒缓神经，解除疲劳，使人松弛的环境，一般卧室的植物以小型、淡绿色为佳，如文竹、龟背竹、蕨类等。

5. 餐厅

餐厅是家人或宾客用膳或聚会的场所，装饰时应以甜美、洁净为主题，可以适当摆放色彩明快的室内观叶植物。如观赏凤梨、豆瓣绿、龟背竹、百合草、孔雀竹芋、文竹、冷水花等。

资料卡

适合在室内养殖的植物

虎尾兰：天然的清道夫，可以清除空气中的有害物质。

芦荟：可以美容，净化空气，常绿芦荟有一定的吸收异味作用，作用时间较长。

滴水观音：有清除空气灰尘的功效。

米兰：天然的清道夫，可以清除空气中的有害物质。淡淡的清香，雅气十足。

非洲茉莉：产生的挥发性油类具有显著的杀菌作用。可使人放松、有利于睡眠，还能提高工作效率。

龟背竹：是天然的清道夫，可以清除空气中的有害物质。

绿萝：这种生物中的"高效空气净化器"原产为墨西哥高原。由于它能同时净化空气中的苯、三氯乙烯和甲醛，因此非常适合摆放在新装修好的居室中。

金琥：昼夜吸收二氧化碳释放氧气，且易成活。

绿叶吊兰：不择土壤，对光线要求不高。有极强的吸收有毒气体的功能有"绿色净化器"之美称。

巴西铁：又称香龙血树，可以清除空气中的有害物质。

桂花：可以清除空气中的有害物质。产生的挥发性油类具有显著的杀菌作用。

发财树：释放氧气，吸收二氧化碳；适生于温暖湿润及通风良好的环境，喜阳也耐阴、管理养护方便。

鸭脚木：给吸烟家庭带来新鲜的空气。叶片可以从烟雾弥漫的空气中吸收尼古丁和其他有害物质，并通过光合作用将之转换为无害的植物自有的物质。另外，它每小时能把甲醛吸收大约 9 毫克。

巴西龙骨：昼夜吸收二氧化碳释放氧气，且易成活。

绿宝石：可以通过它微张开的叶子气孔吸收对人体有害的气体，尤其是对苯、三氯乙烯和甲醛的吸附能力较强，当绿宝石将这些气体吸收后，会转化成对我们无害的气体排出，起到了空气净化的作用。

茉莉：分泌出来的杀菌素能够杀死空气中的某些细菌，抑制结核、痢疾病原体和伤寒病菌的生长，使室内空气清洁卫生。

第二节　家居饰品

情景案例

安琪是位非常喜爱装饰品的女生，早在装修新房前，她就以喜欢为理由，购买了许多家居小饰品，当房子装修完成时，安琪兴高采烈地拿出自己淘来的家居饰品，准备装饰在自己的新居里，可单看十分漂亮、自己爱不释手的饰品，摆放在家居环境里，却显现不出预期的效果，反而使家显得凌乱、缺乏主题，安琪十分纳闷，难道是自己的眼光出了问题？其实，家居饰品的摆放也有方法和技巧，在装饰家居前，现代女性如了解一些家装饰品的摆放常识，会起到磨刀不误砍柴工的功效哟。现代女性应拥有哪些家居饰品方面的知识呢？

一、关于家居饰品

家居饰品是指那些易更换、易变动位置的饰物与家具，如布艺、工艺品、挂画、植物等，家居装饰的过程，也包括利用家居饰品对室内环境进行二度陈设与布置的过程。由于家居饰品是一种移动的装修，因此，更能体现现代女性的个性、品位、素质，是营造家居氛围的点睛之笔，深受现代女性的喜爱。

家居饰品作为现代女性展示自己才华的内容之一，其主要作用表现在：一是可以改善空间形态，柔化家居的感觉。如绿色植物、艺术品、布艺等，能改善现代家居水泥和钢结构单调、冷漠的感觉，使家居形态丰富、生动。二是可以体现居所精神，表现一种气氛。这里的"居所精神"，特指一个空间的意向。由于家居是人们日常生活中最紧密的环境场所，当我们身在其中，不仅接收着家居环境给我们的信息，也根据自己的想象对家居环境进行着设计，也就是说，人与家居是互动的，家居不仅附着了感受的可能，还给予使用者创造的空间，在这个创造的过程中，现代女性更欣赏通过家居饰品，使家居拥有一个主题、表达一种气氛。三是可以调节家居环境的色调。因为在家居环境中，家具和配饰品，占据的面积比较大，一般家具约占家居面积的40%左右，因此，通过家具、饰品的颜色，可以控制居住环境的颜色。四是可以展现现代女性的个性和爱好。

二、家居饰品的装饰技巧

1. 与整体环境协调

家居饰品是为家居环境服务的，因此，家居饰品的选择必须服从家居空间的需要。在进行家居饰品的装饰时，应先找出大致的风格与色调，依着这个统一基调来布置就不容易出错。例如，简约的家居设计，具有设计感的家居饰品就很适合这个空间的个性；如果是自然的乡村风格，就以自然风的家居饰品为主。

2. 与居室风格配合

家居饰品的布置，要体现居室主人的爱好和文化特点，反映居室主人的精神追求。根据各种室内环境气氛特点来进行摆设布置，应成为一种原则。在统一风格的前提下，可选择一些造型、色彩、质感呈对比的摆设品，但这时摆设品的数量必须少而精，而且体积不宜太大。如传统的中式风格房间可选一些古色古香的玉器、木雕、漆器等；书房里摆放一些文房四宝及具有文人趣味的饰品；现代居室里采用造型简洁、线条流畅的艺术玻璃或抽象派造型的不锈钢饰品，才能使饰品与现代设计风格相适应。

3. 与光线对比协调

家居饰品使用的材料十分丰富，形成了家居饰品不同的色彩和肌理，产生了不同的视觉效果与心理感受，如木质饰品亲切自然；玻璃饰品光滑坚硬；丝绒饰品华贵柔软。因此，在摆放不同色彩和肌理的饰品时，应考虑居室光线与居室的色彩，使之在协调统一中展现饰品的美。

三、常见家居饰品的使用

1. 挂画

挂画是挂在墙上的装饰品，既美观又不占空间，是一种十分雅致的装饰品，对提高家居装饰的整体效果有很大帮助。

怎样挂画才能达到最佳的装饰效果呢?

一是悬挂画框的最佳方位是进入房间后视线的第一落点；二是利用拐角组合成整体。例如，在拐角的两面墙上，一面墙放两幅画，另一面墙放上风格相同的一张画，形成墙上的 L 型组合，可以增加布局的情趣；三是挂画的规格或其组合布局要与空间形状相呼应。如果放装饰画的空间墙面是长方形，则可选择相同形状的装饰画，一般中等规格的尺寸即可；四是面积较大的墙面，可采取彩绘的方式，直接在墙上作画。这种方法的特点是可按自己的想法设计画样；五是挂画色调要根据不同的空间进行颜色搭配。如果居室整体以白色为主，其装饰画多以黄红色调为主。如果居室颜色很重，则可以选择艺术感强的装饰画。

2. 灯饰

灯饰在家居配饰中起着重要作用，灯饰不仅提供了居室的照明，也体现了整个居室装饰风格，由于不同家居环境的功能不同，因此，我们应点缀不同的灯饰。

客厅灯具的配置应有利于创造稳重大方、温暖热烈的环境，使客人有宾至如归的亲切感。一般可在房间的中央装一盏单头或多头的吊灯作为主体灯。如沙发后墙上挂有横幅字画，可在字画的两边装两盏大小合适的壁灯，沙发边可放置一盏落地灯。这样的灯具布置既稳重大方，又可根据不同的需要选择光源，或华灯初放，满室生辉，或单灯独放，促膝话旧。

书房是家庭成员工作和学习的场所，对灯饰照明度的要求较高。一般可采用局部照明的灯具。灯具的造型、格调也不宜过于华丽，典雅隽秀为好，创造出一个供家人阅读时所需要的安静、宁谧的舒适环境。

卧室是家人睡眠休息的场所，应给人安静、闲适的感觉，因此，应避免耀眼的光线和眼花缭乱的灯具造型。可在房间适当的位置装一盏悬挂式主灯，在床头装一盏床头壁灯，以满足不同的需要。

餐厅是家人用餐的地方，餐桌上方，宜选用强烈向下直接照射的灯具或拉下式灯具，如是拉下式灯具，其拉下高度应在餐桌上方600毫米～700毫米。灯具的位置一般在餐桌的正上方。

厨房是用来烹调和洗涤餐具的地方，一般面积较小，可采用一般照明，容量在25瓦～40瓦之间。现代的厨房一般都装有抽油烟机，带有25瓦～40瓦的照明灯，使得灶台上方的照度得到很大的提高。现代厨房在切菜、备餐灶台上方还设有很多柜子，可以在这些柜子下加装局部照明灯，以增加操作台的照度。

卫生间一般采用明亮柔和的灯具，灯具应具有防潮和不易生锈的功能，光源应采用显色指数高的白炽灯。采用壁灯时要将灯具安装在与窗帘垂直的墙面上，以免在窗上反映出阴影。采用顶灯时要避免安装在蒸汽直接笼罩的浴缸的上面。壁灯或顶灯的功率以40瓦～60瓦为宜。

3. 窗帘

窗帘是兼具实用性与装饰性于一体的家装饰品。从功能上看，窗帘在居室中起着保护私隐、利用光线、装饰墙面、吸音隔噪的作用。那么，我们如何在兼顾窗帘实用功能的基础上，考虑其装饰性呢？

一是考虑家居风格。由于窗帘有多种款式，而这些款式与居室风格又有着千丝万缕的联系。因此，窗帘的选择，首先要与居室风格相配套。二是考虑功能需要，简单地说，就是要对窗帘的厚薄作出选择。三是选择花色。在选择花色时，一般应考虑窗帘的主色调与居室主色调的适应，优雅的设计可选择浅纹的窗帘，田园风格可选择小花纹的窗帘，而豪华的设计则可选用素色或者大花的窗帘。

第三节　家居的保洁与安全

情景案例

小雅是位爱干净的女生，每到周末回家，都会帮助父母整理房间、打扫清洁，使家居环境焕然一新。今天，小雅的父母因事外出，小雅也想给自己放个假，她找出自己喜爱的零食，坐在沙发上看起了电视剧。一不小心，她将吃的东西泼洒在沙发上，这下小雅可急了，一来家里的沙发是真皮的，二来小雅喜爱干净，于是，看电视的兴致没了，小雅赶紧拿起工具，想将沙发上的污渍擦洗干净，但小雅用了很多清洁的办法都不奏效，正苦于如何对付这块污渍时，爸妈回来了，小雅赶紧将事情的缘由告诉父母，并向妈妈讨教方法，妈妈看见小雅着急的样子，笑着说：别着急，我在书上看到过真皮清污的方法，可以用蛋清试试。小雅赶紧用一块干净的绒布蘸了些蛋清擦拭，嘿，真有效，小雅高兴地笑了。看来，家居保洁不仅要有爱清洁的习惯，还要掌握清洁的方法哟。你知道哪些家居保洁的方法？现代女性在提高生活品质时，应拥有哪些家居保洁与安全的知识与技能呢？

一、家居保洁

（一）关于家居保洁

家居保洁是指通过使用清洁设备和清洁工具等，对居室地面、墙面、顶棚、阳台、厨房、卫生间等部位进行清扫保洁，对门窗、玻璃、灶具、洁具、家具等进行针对性的处理，以达到环境清洁、杀菌防腐、物品保养的目的的一项活动。

家居保洁一般包括定期保洁和卫生消毒两项工作。

1. 定期保洁

定期保洁是家居环境保洁的重要内容之一，其工作流程是：整理——清扫——擦拭——冲洗——消毒。

家庭定期保洁内容的安排，应根据物品使用的情况来确定。那么，一般家庭定期保洁项目是怎样安排的呢？

每天：房间通风换气 1 次～2 次，清洁冰箱、电视机、家居表面的灰尘；清洁房间地面、地毯、窗台；清洁卫生间、厨房地面及用具；清洁阳台。

三天：卫生间、坐便器、浴缸、面盆消毒；门、窗、墙面、天花板除尘。

六天：灯罩、灯具除尘；电话机除尘；居室和卫生间镜子的擦拭。

十天：电冰箱内部擦洗、消毒；床单、被罩、枕罩等清洁；擦玻璃窗。

二十天：清洁抽油烟机；清洁和保养皮革家居。

三十天：整理沙发、清洗沙发罩；整理衣柜、鞋柜。

三个月：清洗纱窗、窗帘；干洗地毯。

由此看来，清扫是家庭定期保洁的重要内容，一般清扫前应做好清洁工具及相关物品的准备，如笤帚、簸箕、抹布、水盆、吸尘器、清洁剂等。清扫时，使用笤帚应轻起轻落，笤帚与地面紧密接触，以免扬尘。使用拖布擦地前，要先清洗拖布，擦地时应按由左至右或由右至左，或由前到后的顺序倒退擦拭。使用吸尘器前，应根据房间大小准备长度适中的电源线，使用时，应身体前倾双手握住吸尘杆，将吸尘器的吸口水平贴于地面按顺序不停地移动直至将地面清洁干净。在打扫时，应注意打扫的顺序要从里到外，从角边到中间，从小处到大处，从床下、桌底、沙发下到较大面积的区域，最后清扫门口。

2. 卫生消毒

家居卫生消毒也是家居保洁的不可忽视的内容之一，主要有空气消毒、餐具消毒、便器消毒和衣物被褥消毒。

（1）空气消毒。空气消毒的重要内容是清洁环境；开窗通风，保持室内空气流通，消除室内不良的气味；以及特殊情况下，利用食醋和中草药进行室内空气消毒。

（2）餐饮用具消毒。餐饮用具的消毒主要通过这样一些方法进行。一是烫。即将餐饮用具洗干净后，用开水浇淋或浸泡 5 分钟左右；二是煮。即使用带盖、清洁的金属容器，放入凉水和要消毒的物品加热，煮沸后 30 分钟即可。三是蒸，即把洗净的餐具等要消毒的物品，放在笼屉里蒸 5 分钟～10 分钟即可。四是消毒柜消毒。即将餐具洗净、擦干，放入消毒柜。

（3）便器消毒。便器消毒主要包括家居卫生间中的浴缸、浴盆、便池、马桶及地面。一般浴缸、浴盆、便池、马桶及地面的消毒，应先用自来水冲洗干净；然后用刷子蘸消毒液、洁厕灵或其他专用消毒剂反复擦拭；用清水冲洗干净后，再用抹布擦拭，最后用拖布将地面擦干净。

（4）衣物被褥消毒。衣物被褥的消毒主要包括：被褥的勤洗勤晒，以及起床后正确的卫生习惯。首先，应保持被褥的清洁干燥，其次，起床后不要马上叠被子、罩床罩，应先开窗通风，将被子摊开 10 分钟后再进行整理，有益健康。

二、保洁方法

（一）功能房保洁攻略

1. 厨房

厨房的清洁重点是除油垢，其中，油烟机、煤气炉是油垢最集中的地方，要清除油垢，可在油烟机、煤气炉上喷撒厨房清洗剂，先用铁丝球擦洗，再用湿抹布擦拭干净。

厨房的灯泡和玻璃器皿，由于长时间在油烟的环境中，易被油烟熏黑，可用布蘸些微热的食醋擦洗。瓷砖墙壁则可用洗涤剂除去油污，一般喷后 30 分钟刷洗效果最佳。

2. 卫生间

卫生间的清洁重点是除污和除异味，其中，马桶和水漏的消毒是重中之重，可用专业消毒剂进行清洗。对于浴室、卫生间中所有可水洗的硬质表面，如浴缸、瓷砖、洗手台、厕具等，可用泡沫海绵蘸上温和配方的清洁剂清洗。

卫生间如有异味，则可在抽水马桶里面放一些晒干了的橘子皮，或在卫生间燃烧晒干的茶叶，难闻的味道就会消失。

3. 客厅

清洁客厅，首先要去除灯罩上的灰尘，灯罩如果是用纸、布、木头或竹子制成的，可用刷子除去灰尘，如是用玻璃等材料制成的，则应将灯罩取下，浸入洗涤液中擦洗。

家中的沙发上被人画上了圆珠笔渍，可用牙膏加上肥皂清洗，然后用酒精擦拭，或用棉花蘸上烧热的牛奶反复擦拭也可以去除圆珠笔渍。

如果家中的家具失去光泽，可泡一杯浓茶，待稍凉后，用软布浸茶叶汁擦洗家具表面 1 次～2 次，家具表面可光亮如新。

4. 卧室

卧室是起居休息的场所，因此，清洁的方法和用具必须安全、环保。清洁时，首先将灰尘清扫干净，清扫顺序是从天花板到墙壁再到地板。如要清洗的纱窗，可先用清洁剂刷洗，再用清水冲净晾干。

（二）家居保洁妙招

1. 蛋清

鸡蛋清是镀金物品良好的清洁剂。其方法是用一块质地细腻的绒布，蘸蛋清涂在镀金制品上细细擦拭，即可光亮如新。如果物品表面已发暗，则可用蛋清和漂白粉的混合液来擦拭。

蛋清也是真皮沙发、皮包等皮革制品的清洁剂。蛋清还可以清除衣物上的口香糖胶渍。

2. 牙膏

在家居生活中，牙膏有许多的妙用。牙膏可以清除搪瓷茶杯中留下的茶垢和咖啡渍，只要在杯内壁涂上牙膏后反复擦洗，一会儿就可以光亮如初；牙膏可以清除水龙头下方留下的水锈和水垢；用牙膏擦拭不锈钢器皿的表面，能使其光亮如新；用久了的电熨斗，底部会留下一层煳锈，只要在电熨斗底部抹上少许牙膏，轻轻擦拭，即可除去；银器久置不用，表面会出现一层黑色的氧化层，使用时，只要用牙膏擦拭，即可变得银白光亮；衣服染上动植物油垢，挤些牙膏涂在上面，轻擦几次，再用清水洗，油垢可清除；家居装饰镜上的污迹，也可用绒布抹点牙膏擦拭，污迹即除；家居中的地毯、墙壁、沙发或门上如被蜡笔涂鸦，用湿抹布醮点牙膏擦拭，便能清除。

3. 牛奶

牛奶是人们生活中的营养品，牛奶除满足人们的营养需求外，还有其他的家用功能。

把煮开的牛奶倒在盘子里，将盛了牛奶的盘子放在刚油漆过的橱柜内，关紧柜门，五个小时后，油漆味便可消除。

过期发酸的牛奶还有用吗？答案是肯定的。将发酸的牛奶用清水稀释，洒到复合木地板上用拖把擦拭，地板可光亮如新；在擦拭皮鞋表面的污垢时，如用纱布醮取过期牛奶均匀地涂抹在鞋面上，干了以后再用干布擦拭，鞋面可光亮如新；如用过期牛奶擦抹桌子、柜子等木制家具，去污效果也非常好。

4. 酒精

酒精是家居中常用的杀菌物品，由于它既能杀菌，又具挥发性，因此家居生活中，可以巧用酒精。一是用酒精清洗毛绒沙发。其具体做法是用毛刷蘸少许稀释的酒精扫刷一遍，再用电吹风吹干，如遇上果汁污渍，用1茶匙苏打粉与清水调匀，再用布沾上擦抹，污渍便会减退；二是用酒精清洗微波炉、冰箱、烤箱、电饭锅等，此时，只要拿酒精小球擦一下即可；三是对家居环境中的门把手、垃圾桶、切菜板、电灯开关、手机、电脑键盘等清洁杀毒，用稀释的酒精喷撒擦拭，即可达到清洁杀菌的作用。

三、家居安全

1. 安全用电

电的普及与运用给我们的生活带来了根本性的变化，家居用电已成为人们生活的一个常态，随着家电的普及，家电安全也成为人们日益关注的问题，那么，家庭中应如何安全用电呢？

一是不要移动正在运行的家用电器，如电视机、电风扇、洗衣机等，如需搬动，应关上开关，并拔去插头；二是使用频繁的电器，如电热淋浴器、电风扇、洗衣机等，应经常用验电笔测试金属外壳是否带电，如遇问题，应请专业人员维修；三是人走断电，用毕断电，停电也要切断电源；四是插座不要安得太低，如电源开关损坏，要及时修理；五是不要在电线上晾晒、搭挂衣物；六是使用电器前，要熟读使用守则，按要求安全使用。

2. 家居防火

家居防火是家居安全的重要内容之一，现代女性应关注：一是不在儿童房间使用明火照明，或安放蚊香；二是不私接乱接电线，插座上不要使用过多的用电设备，电线老化应及时更换；三是使用液化气，要先开气阀再点火，使用完毕，要先关气阀再关炉具。不要随意倾倒液化气、石油气残液。燃气泄漏，要迅速关闭气源阀门，开窗通风，切勿触动电器开关或使用明火。

3. 饰品安全

饰品是用来装饰家居环境的，在使用家居饰品时，也应注意安全。一是鱼缸等玻璃饰品，不要放在电话桌旁和离厕所、厨房门近的地方，以防着急或潮湿滑倒，撞碎鱼缸；二是有孩子的家庭，应将易碎的东西放到带门的柜子里；三是若有大块玻璃或玻璃门，一定要在眼睛平视的方位挂个颜色鲜明的装饰物；四是家具最好选择圆角的，以免易撞伤，如果家具是直角的，则不能放在狭小的空间或门旁边，以免因空间狭窄而撞到，如果家中有孩子和老人，应用软布将四角包起来。

4. 家居防盗

家居防盗是家居安全不可忽视的内容，那么，家居防盗应注意什么问题呢？

一是了解居家安全知识。如独自在家应锁好防盗门，有人敲门，应先观察后询问，若是陌生人，坚决不开门；若是修理工，要确认是否事先约定，检查来者证件并询问，确认无误后方可开门。当钥匙遗失时，应尽快通知家人，并视情况配换新锁。二是合理安装防盗装置。如防盗网，应尽量安装平装的防盗网和隐性防盗网，如安装外凸型防盗网，应尽量把顶部做成斜面，并安装防雨棚，以防止盗贼攀爬。

资料卡

安全小常识

1. 夜间返家

夜间返家时，应在到家之前提前准备钥匙，不要在门口寻找，到家门前，应迅速进屋，并随时注意是否有人跟踪或藏匿在住处附近死角；夜间回家时，如有电梯，应乘电梯；若发现可疑现象，切勿进屋，并立刻通知警方。

2. 外出旅游

外出旅游时，在家里一定要做好“五关”，即关水、关电、关气、关门、关窗，并请朋友、邻居代为处理信件、报纸等，以防盗贼判断家中无人，还可拜托邻居、居委会和保安多关照。

若条件允许，可使用定时器操纵屋内的电灯、音乐，布置出有人在家的样子，以此迷惑不法分子。

第四节　小家电的选择与使用

情景案例

一天，佳慧夫妇去买洗衣机。可是面对琳琅满目的洗衣机专柜和导购员的推介，他俩却产生了不同的意见。佳慧主张买功能多、容量大的，佳慧老公则认为，买名牌绝对错不了。到底是以款式为主，还是以品牌为主？是选择外形，还是注重功能？其实，佳慧夫妻俩遇到的问题，是我们在购买家电产品时都遇到过的问题，面对丰富的家电产品，我们该如何选择？这里深藏着家电选购的知识。

现代女性要在现代生活中收放自如、游刃有余，就要具有家电选择与使用的相关知识。那么，该如何选择与使用家用电器呢？

一、身边的小家电

1. 关于小家电

小家电是指大功率输出电器以外的家电，由于这些家电占用电力资源小，或机身体积较小，所以被人们称为小家电。随着我国科技的不断发展，小家电也经历了从无到有、从小到大、从弱到强的发展过程，今天的中国小家电业，已迈入茁壮成长的时期，为现代女性的家居生活带来了根本性的变化。

那么，目前我国的小家电有哪些种类呢？

一是厨房系列的小家电，如电饭煲、电烤箱、微波炉、果汁机、电热水器、抽油烟机、消毒碗柜、电煎锅、打蛋机、豆浆机等；二是浴室系列的小家电，包括电热水器、电暖器、电吹风、浴灯、干手机等；三是居室清洁系列的小家电，包括吸尘器、电驱蚊器、电熨斗、甩干机、厕所除臭器等；四是居室环境系列的小家电，包括电风扇、除湿机、加湿器、空气净化器、负氧离子发生器、小型电子冷藏箱；五是取暖器类，包括电暖器、电热被、远红外线电热炉等；六是视听系列的小家电，如收音机、录音机、随身听、摄像机、电子辞典、电子游戏机等；七是保健系列的小家电，如减肥美容器、足底按摩器、摇摆机、音频电疗器等。

2. 小家电的作用

随着生活节奏的加快，小家电在生活中扮演着越来越重要的角色，渗透到我们生活的方方面面。生活中健康的饮食离不开小家电，有品位的生活离不开小家电，便捷方便的生活更离不开小家电。

确实，随着生活节奏的加快，人们希望能从繁杂的琐事中把自己解放出来，希望能用最短的时间解决最多的家务事。小家电，从某种意义上讲，满足了人们享受生活的愿望，特别是现代女性追求生活质量的愿望。

简单方便的生活是现代女性倡导的一种生活方式。小家电，由于被赋予许多科技进步与时尚的概念，而成为满足现代女性简单方便生活的物质。如人们厌烦了不停用手搓洗衣服，于是洗衣机诞生了；人们厌烦了用扇子扇风，于是电风扇诞生了……人类对生活的追求越高，科技的发展体现在小家电上的作用也越明显。小家电从出现到普及一直都以“满足人们简单方便的生活”为主题。

在小家电的发展过程中，针对基本生活问题，小家电首先解决的是人们“吃”的问题，如电饭煲、微波炉的出现等。紧接着解决的是做家务的问题，它帮助现代女性轻松摆脱家务之苦，如多功能暖风干衣机，除了有干衣的作用外，冬天还可以把它当作暖风机用来取暖；电子感应自动翻盖垃圾桶，甚至可以满足人们不想弯腰扔垃圾的“奢侈想法”。

确实，随着科技的发展，小家电已越来越多地成为现代女性家居生活的帮手和朋友。

二、小家电的选择与使用

（一）常见小家电的选择与使用

1. 电饭煲

电饭煲是利用电能转变为内能的炊具，由于使用方便，清洁卫生，还具有对食品进行蒸、煮、炖、煨等多种操作功能，因此，成为现代女性厨房工具的首选。常见的电饭煲分为保温自动式、定时保温式以及新型的微电脑控制式三类。

在选择电饭煲时，首先，应考虑品牌的质量；其次，应考虑其功能。由于电饭煲的主要功能是煮饭，因此，在选择的时，应把重点放在煮饭的功能上；第三，应考虑其大小，也就是使用者的人数，如新婚夫妻两人吃饭，1.6 升左右的就行了，如和父母一起居住，3 升的电饭煲较合适；第四，应考虑其外观与配件，如外表有无划伤、变形，各零部件的接合处是否光滑，内胆的涂层是否均匀等；第五，应检查功能情况，如按钮、指示灯、发热盘等，即指示灯是否发亮、发热盘是否发热。

在使用电饭煲时，一是应将电饭锅的内胆放入外壳后，要左右转动几次，使内胆与电热板紧密接触；二是内胆与电热板表面要保持干净以免接触不良；三是要注意电饭煲的功能，因为，电饭煲只有在煮饭时才会自动跳闸，如果炖其他食物，要煮到水干时才会自动断电，所以炖其他食物时，应掌握火候，适时拔掉电源插头；四是要先放内胆，再插电源插头；五是清洗时，只需清洗电饭锅的内胆，电饭煲的外壳、电热板和开关等都不能湿洗，只能用干布擦净。

电饭煲节能饭小窍门

1. 将米淘净在清水中浸泡 15 分钟左右，再下锅，煮饭时用热水或者开水，这样不仅可以缩短煮饭时间，且煮出的米饭特别香。

2. 当电饭煲中的米饭汤沸腾时，可关闭电源开关 8 分钟至 10 分钟，充分利用电热盘的余热后再通电，当电饭煲的红灯灭、黄灯亮时，表示锅中米饭已熟，这时可关闭电源开关，利用电热盘的余热保温 10 分钟左右。

3. 电饭锅使用过久又不及时清洁，会使内锅底部与外表面聚合一层氧化物，此时，应用较粗糙的布擦拭，保持内锅外锅的清洁，否则会影响加热。

4. 内锅底与电热盘、内锅及锅盖均应保持最佳接触。若内锅变形，会影响内锅底与电热盘的接触，也会影响加热效果。

2. 豆浆机

豆浆素来有养颜美容的功效，一台称心如意的豆浆机，就是一个“家庭营养作坊”。

那么，如何选购豆浆机呢?

首先应了解其材质和配件对健康的影响；其次应考虑其制作技术和操作的简便性；第三应关注产品的质量，一般购买国家级质量安全体系认证的产品为好，如 3C 认证、欧盟 CE 认证等；第四应了解售前、售中、售后服务及满足服务的网点密度；第五应考虑使用人数，如两人使用应选择 800ml～1000ml 的豆浆机；如 3 人～4 人使用，择应选择 1000ml～1300ml 的豆浆机；如 4 人以上使用，则应选择 1200ml～1500ml 的豆浆机。

使用豆浆机时，应在豆浆机中加入泡好的豆子和适量的水，通电后启动“制浆”功能，此时电热管开始加热，20 分钟左右水温达到设定的温度，电机开始工作，直到豆浆充分煮熟，完全乳化。

因此，在使用豆浆机时，应注意这样一些问题。一是机头内严禁进水，且在拿出或放入机头部分前，应切断电源；二是制作豆浆时，应严格控制豆量和水的比例；三是豆子等放入杯体时，应均匀平放在杯体底部；四是应按照使用说明按压功能键，选择相应的工作程序；五是制浆完成后，尤其是全营养豆浆和绿豆豆浆冷却后，不能再进行二次加热、打浆，否则会造成糊管，使豆浆机损坏。

3. 电吹风

电吹风是受吸尘器的启发而发明的一种理发工具，主要用于头发的干燥和整形，或实验室、理疗室及工业生产、美工等方面的局部干燥、加热和理疗之用。电吹风的品种很多，如按使用方式来分，有手持式和支座电吹风；如按送风方式来分，有离心式电吹风和轴流式电吹风；如按外壳所用材料来分，有金属型电吹风和塑料型电吹风。

那么，如何选购电吹风呢？

选购电吹风，首先应考虑功率参数。目前市面上出售的电吹风功率一般为250瓦～1200瓦，家庭使用的电吹风最好选择600瓦至800瓦左右的，安全性较好。二是要考虑温度参数。电吹风一般都有两档以上的温度，内置效能卓越的风扇，能加强风力，缩短干发时间，性能好的还设有防过热装置，能控制风力温度，保护头发。三是考虑外形与携带功能。即能否折叠，外形颜色美观等。

使用电吹风时，正确合理安全的是十分重要的。这要求我们要注意以下几点：

(1) 电吹风必须在铭牌规定的电源电压下使用，使用时，电吹风进出风口必须保证通畅。

(2) 用电吹风吹干湿发时，电吹风出风口距离头发的距离不小于50毫米，防止堵塞风口和烧焦头发，以及水蒸气影响绝缘强度造成漏电。

(3) 电吹风使用结束前，应将电吹风先从“热”档切换到“冷”档，以使电热元件的剩余热量由冷风吹出，使电吹风机内部温度降低，再切断电源，延长使用寿命。

(4) 电吹风使用后，应放置在干燥场合，切忌放置露天或潮湿场合。长期不用取用时，应先检查绝缘电阻，以保证使用安全。

4. 电风扇

电风扇是利用电动机驱动扇叶旋转，使空气加速流通，以达到清凉解暑和流通空气目的的家用电器。由于使用简便安全，价格合理，电风扇早已成为现代家庭必备的小家电之一。

如何选择电风扇呢？

选择电风扇时，一是看网罩和扇叶是否有明显变形；二是看控制机构是否灵活。这里的控制机构包括调速开关、定时旋钮、摇头开关、照明灯开关等，这些控制机构应该操作灵活、接触可靠；三是看活动部分的性能。即电风扇扇头俯、仰各角度运转灵活，锁紧牢靠，调整到最大俯角或摇头到最终位置，网罩均不得与风扇支柱相碰，风扇运转时，稳定性好；四是看启动性能。因为启动性能优劣是电风扇一项重要的质量指标，检验时，应调在慢速挡，观察电风扇从启动到正常运转所需的时间，时间越短风扇电机的启动性能越好；五是看运转及调速性能。即通电后将摇头开关往复转动数次，检查是否失灵或装配过紧，电风扇在高、中、低速运转时，电机和扇叶应平稳、震动小、噪声低；最后检查合格证、说明书，以及电风扇铭牌上的生产厂名、产品型号、额定功率、额定电压、电源种类及频率等指标的说明是否齐全。

在使用电风扇时，如是白天，应把风扇放在室内角落，使其把室内气体吹出室外；如夜间使用，应把风扇放在窗口，以使室外清凉气体吹入室内，缩短使用时间，减少耗电量。电风扇平时使用时，要保持干燥、通风和清洁，不要把水泼洒在电风扇上，以免产生漏电、短路事故，造成危险。

5. 迷你小洗衣机

迷你小洗衣机以其“小”而得名，一般迷你小洗衣机的机壳采用强度工程塑料，具有操作简单、运转平稳、噪音低、寿命长、安全可靠、脱水率高等特点，更重要的是迷你小洗衣机方便、节能、占用空间小、且价格适中，因此，越来越成为现代女性洗涤内衣的专用小家电。

那么，我们应如何选择迷你小洗衣机呢？

首先要“查”，即打开包装箱，检查洗衣机的外观质量。要求外观美观大方、平整光洁、色彩淡雅、线条清晰；箱体表面没有划痕，油漆坚硬光亮；塑料件没有翘曲变形，没有毛边毛刺、裂纹裂缝等，洗衣桶内表面光滑。

然后是“验”，即检查各部件的质量。这时可以打开桶盖，要求桶体平整光滑，波轮与桶体四周缝隙在1毫米～1.5毫米左右，用手转动波轮或内桶，左右转动灵活，没有异常声音，用手按控制面板上的琴键开关，旋转定时器或程序控制器，动作自如。

接下来是“试”，即洗衣机能按设定的程序进行运转，进、排水阀门控制正常。在使用洗衣机前，要仔细阅读洗衣机说明书，尽量按其要求操作，然后检查衣物是否适合放进洗衣机清洗，确保里面没有金属、硬币、钥匙等硬物，并将拉链拉上，以免对洗衣机造成损坏。同时注意洗涤的衣物不能超过洗衣机的容量，因为过重会增加电机的负担，或会造成皮带断裂，而减少洗衣机的寿命。

在使用洗衣机后，要保持洗衣机的干燥，擦干外壳、打开门盖，让水蒸发，而洗衣机上盖上不能堆放重物和发热的物品。而且要将洗衣机放在干爽、通风的地方，摆放的位置要平稳，远离汽油、酒精等易燃品。

在日常的护理中，应定期检查洗衣机的底座脚垫是否平衡；定时观察洗衣机的控制面板及靠近插头部分是否干燥；定时复原，每次洗衣结束后，应将操作板上的各处按键恢复原位，并干燥通风。

（二）常用家电的节能

随着家用电器在人们生活扮演越来越重要的角色，节能已成为聪明的现代女性家居生活的重要内容。在家用电器的使用中，我们应如何节约能源呢？

1. 电风扇的节能

由于电风扇的耗电量与扇叶的转速成正比，在风量满足使用要求的情况下，应尽量使用中档或慢档，这是一种很有效的家电节能方法。落地扇、台扇应放在室内相对阴凉处，将凉风吹向温度高处。如果室内自然空气流动较畅，最好顺应风向调整风扇角度，这种家电节能方法不仅可以有效节能，而且可以使空气流动更快，更好的达到降温的效果。

2. 照明灯的节能

在选择照明用灯时，一般日光灯比白炽灯节电，因为，一只 20 瓦日光灯的亮度比 40 瓦的白炽灯还要好。在家居环境中，楼梯、过道、厕所等处可装上自动控制开关，可以随时关灯，并应该尽量选择小瓦数的灯泡，这种家电节能方法会十分有效。充分利用反射与反光原理安装电灯也是不错的选择，如给灯配上合适的反射罩，利用室内镜子的反光提高照度等。

3. 视听类家用电器的节能

这里的视听类家用电器主要是电视机和录音机。在使用电视机时，控制电视机的亮度不仅可以节能，还能延长使用寿命。在使用录音机时，每次使用完毕都应把电源插头及时拔出，否则，即使录音机上开关已断开，但电源变压器仍然接通，线路上的空载电流不但白白浪费电能，还会惹出祸害，致使其他家用电器受损。

4. 冰箱的节能

由于冰箱盛水盘上方的滴水管道，是冰箱与外界空气唯一直接交换的通道，所以泄冷现象是不容忽视，如果用一团棉花裹在滴水漏斗上，然后用细绳或胶布包扎，在外界的温度为 35 度时，甚至可以省电 10%以上。另外，经常清除储藏室和冷冻室的霜也会起到节能的效果。因为挂霜太厚会产生很大的热阻，使家用电器耗电量增多。三是存放食品不可太满，保证冷气对流，箱内温度均衡。四是热的食品应冷到室温后再放入冰箱。五是冰箱内的温度调节挡应适中，不宜设成强冷，以免箱内制冷循环系统因工作量加大而增加电器的耗电量。

5. 洗衣机的节能

洗衣机的节能，与洗涤物的重量、洗涤时间、洗涤功能等因素有关。一是洗涤物要相对集中，不要一件一件地洗；二是洗涤时间，化纤物以 3 分钟、棉织品和床单以 7 分钟为宜；三是洗衣机有“强洗”和“弱洗”功能，选用哪种功能要根据织物的种类、需要清洁的程度来决定，一般“强洗”比“弱洗”要省电。

相关链接

与本章节相关的阅读书籍与网络

1. 原田玲仁：《每天懂一点色彩心理学》，陕西师范大学出版社出版 2010 年版。

2. 百度《家居色彩搭配的几大原则》

3. 百度《家庭生活百科大全》

4. 百度《买购网之家具保洁十大方法》

5. 百度《家电知识讲堂》

6. 家居网

思考与练习

1. 色彩可以分为哪几类？请根据客厅的特点设计适合的颜色。

2. 请结合居室特点，设计一个符合家居环境搭配要素的个人居室空间。

3. 家居饰品摆放有什么原则和技巧？请尝试运用装饰画装饰教室或寝室。

4. 你还知道哪些生活中的小妙招？请结合自己的生活经验，列举两三条。

5. 请设计几则家电环保节能的好方法。

参考文献

[1] 简红雨．现代家政学［M］．重庆：重庆出版社，2002．

[2] 朱运致．能干女性：女性与家政［M］．北京：中国劳动社会保障出版社，2008．

[3] 常桦．现代女性健康与幸福之道［M］．武汉：武汉大学出版社，2011．

[4] 原田玲仁．每天懂一点色彩心理学［M］．西安：陕西师范大学出版社，2009．

[5] 边惠玉．我最想要的化妆书 1、2［M］．南宁：广西科学技术出版社，2011．

[6] 坂东真理子．女性的品格：从着装到人生态度［M］．北京：中信出版社，2010．

[7] 本书编写组．家常菜精选 1288 例［M］．北京：中国轻工业出版社，2007．

[8] 姜希．《本草纲目》中的女人美容养颜经［M］．北京：中国妇女出版社，2011．

[9] 南仁淑．20 几岁，决定女人的一生［M］．海口：南海出版社，2007．

[10] 黄爱玲．女性心理学［M］．广州：暨南大学出版社，2008．

[11] 邓琼芳．经营婚姻是女人一辈子的事业［M］．北京：北京工业大学出版社，2011．

[12] 王继花．家庭文化学［M］．北京：人民出版社，2010．

[13] 卢勤．家庭教育密码［M］．长春：时代文艺出版社，2008．

[14] 路书红，乔资萍．中外家庭教育经典案例评析 100 篇［M］．济南：山东人民出版社，2010．

[15] 尹建莉．好妈妈胜过好老师［M］．北京：作家出版社，2010．

[16] 陈镇，赵敏捷．家庭理财［M］．北京：清华大学出版社，2009．

[17] 陈红玲．家庭理财与投资常识［M］．宁波：宁波出版社，2008．